LUKSCHANDERL
ANTONICEK
POPP
POPP-HACKNER
VALENCE

Wildes WIEN

BILDBAND

Das unglaubliche Tierleben in der Großstadt

HOLZHAUSEN
DER VERLAG

In–HALT

07 — // **Zum Geleit** Dr. Michael Häupl

11 — // **Vorwort** Leopold Lukschanderl

17 — // **Wie viel Wildnis braucht der Mensch?**

25 — // *Das steinerne Herz und sein grüner Gürtel*

71 — // **Wienerwald und Lainzer Tiergarten**

93 — // *Weingärten*

105 — // **Alte Donau und Donauinsel**

129 — // *Prater*

151 — // **Lobau und Donau-Auen**

177 — // *Friedhöfe*

194 — // *Kurzporträts*

196 — // *Bildnachweise*

197 — // *Literatur*

Zum GELEIT

von
DR. MICHAEL HÄUPL

Wien // August 2015

Fast die Hälfte des Stadtgebietes der Großstadt Wien mit rund 1,8 Millionen Einwohnern sind Grünflächen mit städtischen Grünanlagen, privaten Gärten, aber auch mit einem beträchtlichen Waldanteil durch den Wald- und Wiesengürtel und ausgedehnten Erholungsflächen in Teilen des Nationalparks Donau-Auen.

Eigentlich sind Städte ja künstliche, von Menschen geschaffene Konglomerate, deren Hauptzweck es ist, menschlichen Interessen zu dienen. Im Gegensatz dazu gilt »Wildnis« als ein intakter, von Menschen unberührter Naturraum, und damit stehen unsere Städte eigentlich im direkten Widerspruch mit dem Wildnisgedanken. Und doch kann selbst Stadtnatur wildnisähnliche Eigenschaften aufweisen, wenn Eigendynamik und natürliche Entwicklungsprozesse bewusst zugelassen werden. Man findet diese Wildnis unter anderem auf den sogenannten »Gstettn«, eine Zeit lang ungenutzte, sich selbst überlassene Areale, auf denen sich dem Standort entsprechende Pflanzen zumindest für eine Wachstumsperiode lang entwickeln können.

Unglaublich, aber wahr: Selbst im »steinernen Herzen« der Stadt Wien leben Wildtiere. Und je weiter man sich dem Stadtrand nähert, desto häufiger trifft man auf »Wildlife«. Wenn auch manchmal sehr versteckt, oft nur in den Nachtstunden anzutreffen. In den Gärten an der Peripherie fühlen sich *Igel*, *Marder* und *Füchse* sehr wohl. Und *Rehe* auf Feldern in Sicht- und Hörweite der Süd-Ost-Tangente sind keine Seltenheit. Ähnliches gilt für die sechs Quadratkilometer umfassenden Praterauen: Auch hier leben *Rehe*, *Füchse*, *Steinmarder*, *Waschbären*, *Biber* und *Eisvögel*. In der Lobau sind sogar kapitale *Hirsche* anzutreffen. Weitere Zentren der »Stadtwildnis« sind die Friedhöfe mit *Rehen* und *Hasen*, die Donauinsel mit *Reihern* und *Kormoranen*.

Vielfalt und Dichte erzeugen Urbanität. Die Vielfalt an Tieren, Pflanzen, Lebensräumen und Landschaftsbildern trägt dazu bei, dass wir uns in der Stadt wohlfühlen. Auch die »Saisongäste« sind mit dabei. Zweifarbfledermaus und Abendsegler möchte man ja fast als Stadtfledermäuse bezeichnen, denn seit Langem schon fliegen sie regelmäßig zu Beginn der kalten Jahreszeit in die künstliche Felsenlandschaft der Innenstadt.

Eine gewisse Wildnis tut der Stadt gut. Wo alles abgesperrt und eingezäunt ist, wo überall Menschen nach strengen Regeln »auf die Natur aufpassen«, werden echte Naturerlebnisse praktisch unmöglich.

Wir wollen uns bei unseren Exkursionen durch das »Wilde Wien« – mit kurzen Ausflügen zu den Amphibien und Reptilien – in erster Linie mit der Vogel- und Säugetierwelt beschäftigen. Festgehalten in einzigartigen Bildern, mühevoll und geduldig erarbeitet von Wildlife-Fotografen, die zu den Besten zählen.

Dr. Michael Häupl
Bürgermeister der Stadt Wien

Vor-WORT

von
LEOPOLD LUKSCHANDERL

Wien // August 2015

Brauchen (Groß-)Städter eigentlich Natur? Oder gar Wildnis? Oder das, was von ihr übergeblieben ist? Und wenn ja: Wie viel davon ist möglich, oder gar zuzumuten? Fragen, die im Zeitalter der fortschreitenden Technisierung, Vernetzung und Verkabelung unseres Lebens durchaus berechtigt erscheinen. Oder reicht es, Natur, also Pflanzen und Tiere, wenn überhaupt, via eines Super-Handys, eines Computers oder eines HD-TV-Bildschirms serviert zu bekommen?

Diese Überlegungen standen am Anfang zu den Arbeiten an diesem Buch. Zunächst die Befürchtung: (Groß-)Stadt und Wildnis, das verträgt sich nicht. Das sind zwei Begriffe, die – auf den ersten Blick – unterschiedlicher nicht sein können. Städte sind ja künstliche, menschengemachte Räume, deren Hauptzweck es ist, menschlichen Interessen und Bedürfnissen zu dienen. Im Gegensatz dazu ist »Wildnis« im engeren Sinn ein intakter, von Menschen unberührter Naturraum. Und dann die Überraschung (mehr dazu im Kapitel »Wie viel Wildnis braucht der Mensch?«): Ja, es geht! Einmal, weil sich die Natur nicht unterkriegen lässt, wenn man ihr nur »den kleinen Finger gibt, dann kommt sie wieder«. Und dann: Wildnis erleichtert es den Menschen, wieder Kontakt zu ihren eigenen Gefühlen aufzunehmen. Sie spüren sofort, dass die Natur ein funktionierendes Ganzes ist, das im krassen Gegensatz zu unserer aggressiven Gesellschaft steht.

Moderne Stadtmenschen verbringen rund 80 bis 90 Prozent ihrer Zeit in geschlossenen Räumen wie Gebäuden und Verkehrsmitteln. Ihnen zu zeigen, was sich – von ihnen meist weitgehend unbemerkt – in Parks, Innenhöfen, G'stetten und anderen Nischen einer gnadenlosen Urbanität an »Wildnis« abspielt, soll mit diesem Bildband versucht werden. Wird auch das verbaute Stadtgebiet gerne als »anthropogene Wüste« oder als »Kulturwüste« bezeichnet, so weist sie doch viele kleinere und größere Oasen auf. Gerade diese grünen Inseln, so klein sie auch sein mögen, werden von einer Vielzahl von Tieren bewohnt.

Und damit sind wir bei der Bundeshauptstadt Österreichs, bei Wien, gelandet. Als international durchaus herzeigbares Beispiel. Mit einer Fläche von 414 km^2 und 1,8 Millionen Einwohnern verfügt die Stadt über ansehnliche städtische Grünanlagen, einen bedeutenden Waldanteil, einen Teil des Nationalparks Donau-Auen und ausgedehnte Erholungsflächen. Rund 200 km^2 oder knapp 50 Prozent des Stadtgebietes sind Wiesen, Buschland und Wälder. Die Vegetationslosigkeit der Innenstadt wird durch die Alleen – allein an der Ringstraße gibt es rund 2500 Bäume – und die angrenzenden Parks gemildert. Insgesamt beträgt die Summe aller Grünflächen selbst im »steinernen Herzen« Wiens mit 318 Hektar rund ein Sechstel der Gesamtfläche. Jedem Bewohner der Innenbezirke stehen damit statistisch gesehen mehr als zehn Quadratmeter Grünfläche zur Verfügung.

VORWORT

In *Wien* leben 74 Säugetierarten, zwei Drittel aller österreichischen Arten

Und diese Grünflächen sind von einer Vielzahl von Tieren bewohnt. Wie uns Wissenschafter versichern, leben im urbanen Raum 74 Säugetierarten (ohne Heimtiere), aber einschließlich unserer treuen Hausgenossen *Hausmaus* und *Wanderratte*. Und da im gesamten Bundesgebiet derzeit 109 Säugetierarten bekannt sind und die Fläche Wiens etwa einem halben Prozent des österreichischen Bundesgebietes entspricht, leben auf diesem kleinen Fleck, der fast zur Hälfte aus Bau- und Verkehrsflächen besteht, zwei Drittel aller heimischen Säugetierarten! Schon unglaublich.

Viele waren »schon immer« da, andere haben es sich erst seit Kurzem in der Stadt bequem gemacht. *Steinmarder* waren um 1970 im dicht verbauten Gebiet eher selten, heute leben sie dort in hoher Dichte und demonstrieren auf ihre Weise gegen den zunehmenden Autoverkehr. Wie schnell Tiere »verstädtern« können, zeigen die *Feldhamster*, die seit Anfang der Neunzigerjahre beispielsweise zwischen Franz-Josef-Spital und Meidlinger Friedhof zu einem erstaunlich großen Volk herangewachsen sind.

In Wien gibt es auch im und am Rande des dicht verbauten Stadtgebietes einige größere Landschaftsreste, die eine reiche Fauna und Flora beherbergen. Das sind die Praterauen, die noch mit der Aulandschaft der Donau in natürlicher Verbindung stehen, der ausgedehnte Schlossgarten in Schönbrunn, der Türkenschanzpark, der Botanische Garten am Rennweg, der mit dem Belvedergarten in Verbindung steht – und noch einiges mehr.

Die Grünraumpolitik der Stadt Wien hat sich die Erkenntnisse der Wissenschaft zunutze gemacht und lässt überall dort, wo es möglich ist, wildnisähnliche Entwicklungen zu beziehungsweise fördert ganz bewusst die Eigendynamik biologischer Entwicklungsprozesse. Beispielsweise bei Stadtwäldern, Flussufern, Brachflächen, Baulücken und Resten ursprünglich vorurbaner Natur.

Wien wurde übrigens bereits vier Mal hintereinander zur City mit der weltweit höchsten Lebensqualität gewählt. Einen nicht zu unterschätzenden Beitrag hat dazu sicherlich das »wilde Wien« gespielt. Wien, so formulierte es einmal ein Experte, »bietet Naturerlebnis ohne Erlebnistourismus«. Nicht nur im Wienerwald oder in den Donau-Auen. In manchen Grätzeln blüht der Charme der Wildnis schon ein paar Schritte vor der Haustür.

Wie sich dieses »wilde Wien« präsentiert, heimlich oder ganz offensichtlich, welche Überraschungen es parat hat und welche Möglichkeiten es der Bevölkerung, also uns allen, bietet: Alles das versucht das Buch »Wildes Wien« zu vermitteln.

Leopold Lukschanderl

Wie viel Wildnis braucht der MENSCH?

Städte sind künstliche, menschengemachte Räume, deren Hauptzweck es ist, menschlichen Interessen und Bedürfnissen zu dienen. Im Gegensatz dazu ist »Wildnis« im engeren Sinne ein intakter, von Menschen unberührter Naturraum. Eine seit Jahrhunderten menschlich gestaltete Kulturlandschaft – und damit unsere Städte – steht eigentlich im direkten Widerspruch mit dem Wildnisgedanken.

Und doch kann selbst Stadtnatur wildnisähnliche Eigenschaften aufweisen, wenn Eigendynamik und natürliche Entwicklungsprozesse bewusst zugelassen werden. Urbane Flächen, die sich für solche natürlichen Sukzessionsprozesse eignen, sind zum Beispiel Stadtwälder, Flussufer, Feuchtgebiete und andere Reste der ursprünglichen vorurbanen Naturlandschaft. Auch auf städtischen Brachflächen und Baulücken entwickelt sich oft ungestört die Natur, solange die Nachnutzung nicht geklärt ist oder Investoren fehlen.

»Die Natur lässt sich nicht unterkriegen«, weiß die Wiener Umweltanwältin Dr. Andrea Schnattinger. »Lassen wir Wildnis zu, wo sie nicht eine Gefährdung der Sicherheit darstellt!« Man findet diese »Wildnis« unter anderem auf den sogenannten »Gstett'n«, eine Zeit lang ungenutzte, sich selbst überlassene Areale, auf denen sich dem Standort entsprechende Pflanzen zumindest eine Wachstumsperiode lang entwickeln können. Den zahlreichen frei lebenden, zuwandernden Tierarten werden damit Lebensräume und oft auch die letzten Rückzugsgebiete geboten – es sind Orte ungezügelter Wildnis inmitten der Stadt.

Städte bieten kleinräumige Nischen für Wildnis

Trotzdem: »Wildnis« und »Stadt« in einen Zusammenhang zu bringen erscheint provokant und durchaus kontrovers. Andererseits kann eine »wilde Stadt« als eine »Anti-Sterilisation« der heutigen Hightech-Welt verstanden werden und kann daran erinnern, dass auch in der heutigen Zeit nicht alles bestimmt und geplant werden muss. Selbst in einer Stadt kann man der Natur einen Teil der Arbeit überlassen. Immerhin hat Wildnis auch eine interessante kulturelle Dimension, da das Leben in der Wildnis – im Gegensatz zum Leben in der künstlich angelegten Stadt – für einen Großteil der Menschheitsgeschichte der normale Lebensstil war.

Natürlich kann eine menschengerechte Stadt keine über Jahrhunderte hinweg unberührte Wildnis bieten. Und doch sind in Städten häufig Naturräume zu finden, die über längere Zeiträume weitgehend sich selbst überlassen wurden und Eigenschaften einer Wildnis aufweisen. Einerseits: Die Städte der Welt wachsen, über die Hälfte der Weltbevölkerung – mit steigender Tendenz – lebt inzwischen in urbanen

WIE VIEL WILDNIS BRAUCHT DER MENSCH?

Räumen. Dieser Trend zur Urbanisierung gilt als eine der Hauptursachen für den weltweit ungebremsten Artenrückgang. Andererseits: Gleichzeitig sind Städte – zumindest in Mitteleuropa – schon jetzt oft artenreicher als die sie umgebende, vielfach intensiv genutzte Kulturlandschaft. Stadtnatur ist ein wichtiger Teil des Netzes von Rückzugsorten für die biologische Vielfalt geworden. Auch wenn die Artenzusammensetzung in Städten sich meist stark von der natürlicherweise zu erwartenden Artenvielfalt unterscheidet, bietet eine Stadt in vielen, manchmal kleinräumigen Nischen einen Lebensraum für zahlreiche Pflanzen und Tiere, die im Umland nur noch unwirtliche Bedingungen vorfinden. Und: Je höher der Durchgrünungsgrad und je vielfältiger das Lebensraumangebot einer Stadt ist, desto mehr Arten können sich hier ansiedeln.

Intakte Natur oder gar echte Wildnis fernab der großen Städte ist für viele Menschen – jetzt international gesehen – zu weit weg. Moderne Stadtmenschen verbringen rund 80 bis 90 Prozent ihrer Zeit in geschlossenen Räumen wie Gebäuden oder Verkehrsmitteln. Wenn die Menschen von heute also eine positive Einstellung zur Natur und den Willen, sie zu schützen, bewahren sollen, dann muss Natur und Wildnis in den Städten vorhanden sein. Urbane Wildnis darf allerdings nicht als umzäuntes Gebilde in Erscheinung treten, von dem die Stadtbewohner ausgeschlossen sind. Urbane Wildnis muss vielmehr ein Platz sein für alle: Für vielfältige Tier- und Pflanzenarten gleichermaßen wie für die Menschen, die den Lebensraum Stadt erfunden und geschaffen haben.

»Wenn wir feststellen, dass uns zu absterbenden Bäumen nur noch das Gefährdungsmoment oder auch die Bedrohung durch Umweltverschmutzung einfällt, nicht mehr aber die Natürlichkeit eines solchen Vorganges, dann sollte uns das zu denken geben«, notiert Dr. Michael Häupl, Bürgermeister der Stadt Wien. »Wie viel Wildnis braucht der Mensch?« Diese Frage müsse, so Häupl, der selber Biologe ist, in der Grünraumpolitik einer Großstadt wie Wien ihre Spuren hinterlassen.

Schutzgebiete für Märchen und Träume

»Vielen Menschen wird schmerzhaft bewusst, wie weit sie sich von der Natur entfernt haben und wie schwer es geworden ist, ihre instinktiven Bedürfnisse zu befriedigen«, sagt der amerikanische Ökopsychologe Robert Greenway. Die große Nachfrage nach Abenteuern und Wildnis, so glaubt der Wissenschafter, ist weit mehr als eine neue Lifestyle-Droge. »Im Kern«, so Greenway, »geht es dabei um die zentralen Fragen unserer Existenz: Wie viel Wildnis braucht der Mensch? Und: Was geschieht mit den Menschen, wenn das Wilde endgültig verloren ist?«

In vielen Ländern kann von Wildnis ohnehin kaum mehr die Rede sein. Wo alles abgesperrt oder eingezäunt ist, wo überall Bauern, Förster und Umweltschützer mit strenger Miene lauern, werden Naturerlebnisse praktisch unmöglich. »Man muss der Natur aber nur den kleinen Finger geben, dann kommt sie wieder«, postulierte dagegen Hubert Weinzierl, der Vorsitzende des Bundes Naturschutz in Bayern, und forderte »Schutzgebiete für Märchen und Träume«. Was viele als naive Naturromantik von »grünen Spinnern« abtun: der Macht und Faszination von Wildnis kann sich kaum jemand entziehen. Wildnis bedeutet Mystik und Gefahr, Faszination und Ehrfurcht. Philosophen haben den Begriff des Erhabenen für die Großartigkeit der Natur geprägt. Immanuel Kant und Edmund Burke beschrieben es als das Gefühl, gleich-

---

ETWAS FÜR »GRÜNE SPINNER«?
Der Macht und Faszination von Wildnis kann sich kaum jemand entziehen. Wildnis bedeutet Mystik und Gefahr, Faszination und Ehrfurcht.

» *Wildnis* erleichtert es den Menschen, wieder Kontakt zu ihren eigenen Gefühlen aufzunehmen. «

Allan Kanner

WIE VIEL WILDNIS
BRAUCHT DER MENSCH?

zeitig fasziniert und abgestoßen zu sein. Moderne Seelenforscher, die eigens den Zweig der Ökopsychologie begründet haben, suchen gleichfalls dem Wildnis-Gefühl und den Beziehungen zwischen Mensch und Natur auf den Grund zu gehen. Die Sehnsucht, die den Menschen in der Wildnis anweht, deuten sie als unbewusstes Sich-Erinnern an die Zeit, als er selbst noch uneingeschränkt Natur war.

»Wildnis erleichtert es den Menschen, wieder Kontakt zu ihren eigenen Gefühlen aufzunehmen«, schrieb der amerikanische Ökopsychologe Allen Kanner. Der Mut, initiativ zu werden, den Glauben an und das Vertrauen in die eigenen Intuitionen sehen Psychologen durch die Wildnis-Erfahrung gestärkt. »Die Menschen spüren sofort, dass die Natur funktionierendes Ganzes ist, das im krassen Gegensatz zu unserer aggressiven Gesellschaft steht«, meinte auch der Amerikaner Greenway.

Naturerlebnis ohne Erlebnistourismus

Freilich: Es existiert auch eine – historisch nachweisbare – Abneigung gegen urbane Natur. »Was wäre den Wienerinnen und Wienern der Luegerzeit zum Thema Stadtwildnis eingefallen?«, fragt zum Beispiel Prof. Christian von der Universität für Bodenkultur in Wien. »Das Wort wäre ihnen widersinnig vorgekommen, glaube ich. Stadt und Wildnis vertrugen sich nicht, Gestrüpp gab es in den ländlichen wie in den proletarischen Vororten zur Genüge, dort war es nicht so adrett wie im Cottage und nicht so idyllisch wie im Wald- und Wiesengürtel, aber ›Wildnis‹ hätte man doch für übertrieben gehalten.« Stadt und Wildnis vertrugen sich nie, so der Wissenschafter, wie weit wir auch zurückschauen. Nicht weil sie nicht da war, sondern weil nicht als wild empfunden wurde, was aus allen Ritzen spross und kroch. Es gehörte zur Stadt wie der Unrat auf den Straßen. Innerhalb des Linienwalls – der Wiener Befestigungsanlage des 18. Jahrhunderts – galt wucherndes Unkraut jedenfalls als Schande, und »in der Stadt« erst recht. Nimm Hack' und Spaten hieß es dann in den Hungerjahren. Für die Selbstversorger im Weltkrieg und die Siedler der Zwanzigerjahre war eine Brache nichts weniger als eine Öko-Wertfläche. Und als sich nach der nächsten, noch größeren Katastrophe der Bombenschutt mit Grün überzog: Wer erwärmte sich da für *Laufkäfer* und Gänsefuß? In den Fünfzigerjahren war dann das Schlimmste überwunden. Doch den Kontrast zwischen Wildnis und intakter Stadt sah man härter denn je. Im Heimatfilm rauschte der Wald, in seiner neuen Steinrinne der Liesingbach. Bald darauf beklagte Alexander Mitscherlich die »Unwirtlichkeit der Städte«.

Tatsächlich ist »Wildnis« ein eher negativ besetzter Begriff, der als das Gegenteil von Zivilisation, Ordnung und Kultur verstanden und vielfach auch mit Gefahr und Unsicherheit assoziiert wird. Das Wort »wild« bedeutet ursprünglich »eigenwillig«, »selbstbestimmt«, »unkontrollierbar«. Wildnis gilt als Aufenthaltsort wilder Tiere. So geht das englische Wort »Wilderness« auf das angelsächsische »Wildeorness« zurück (deor = deer = Tier), es bedeutet in wörtlicher Übersetzung also »Wildtiernis«. Diese Bedeutung schwingt auch im Deutschen mit, in einem Lexikon aus dem 18. Jahrhundert heißt es ausdrücklich, Wildnis sei die Wohnstätte der wilden Tiere und »eben nicht der Ort, an dem eine wohlanständige Sittsamkeit eine Wohnung aufschlagen kann«. Zivilisationsferne, Unkultiviertheit und wilde Bestien sind also die Eckpfeiler des ursprünglichen Wildnisbegriffs.

Das hat sich langsam – in der historischen Perspektive gar nicht so langsam – geändert. Es sickerte die Erkenntnis durch, dass eine Portion Wildnis auch der Stadt guttut. »Wien zum Beispiel bietet Naturerlebnis ohne Erlebnistourismus«, so Prof. Christian. »Im Wienerwald und in den Donau-Auen sowieso. Mehr und mehr aber auch im Wohngebiet, wenn wir nur wollen. Stadt der kurzen Wege, auch in Sachen Natur! In manchen Grätzeln blüht der Charme der Wildnis schon ein paar Schritte vor der Haustür. Nicht alle Wienerinnen und Wiener sind dafür empfänglich, gewiss, und andere geben sich mit dem scheinbar Gewöhnlichen nicht ab. Sie werden anderswo auf ihre Kosten kommen.«

Rund 200 Quadratkilometer oder knapp 50 Prozent des Wiener Stadtgebietes sind mit Büschen und Wiesen bewachsen und mit Baumkronen überschirmt. Die bedeutendsten Flächenanteile stammen vom Wald- und Wiesengürtel, der Land- und Forstwirtschaft, von Einzelhausgärten, durchgrünten Wohnhausanlagen, Erholungs-, Sport- und Betriebsflächen sowie Kleingärten und Parks.

Und: Wien wurde bereits zum vierten Mal in Folge zur City mit der weltweit höchsten Lebensqualität gekürt. Und zwar von der internationalen Studie »Quality of Living 2014« der Mercer Consulting Group. Auf den Plätzen zwei bis fünf landeten Zürich (Schweiz), Auckland (Neuseeland), München (Deutschland) und Vancouver (Kanada). Zur Beurteilung der Lebensqualität wurden für insgesamt 223 Städte 39 Faktoren herangezogen.

Das steinerne Herz und sein grüner GÜRTEL

Nähert man sich Wien von außen, vom Wienerwald zum Beispiel, so findet sich mancherorts ein Saum von Weingärten, und dann erst beginnt das besiedelte Gebiet, zunächst als kontrastreiches Nebeneinander von Natur- und Kulturlandschaft. Zum Zentrum hin werden die großen Grünflächen der Villen, Häuser und Wohnhausanlagen, der Schrebergärten, Friedhöfe und Parks allmählich kleiner. Schließlich bleiben innerhalb des Gürtels nur noch kleine Fleckchen Grün übrig, sieht man von den historischen Parkanlagen im Bereich der Ringstraße ab. Auch die Nischen für die Tierwelt werden immer enger. Die Lebensbedingungen ändern sich, nicht nur für den Menschen.

Und trotzdem ist die Millionenstadt auch für Wildtiere ein durchaus attraktiver Lebensraum geworden. Das haben in den vergangenen Jahren Wissenschafter vom Forschungsinstitut für Wildtierkunde und Ökologie der Veterinärmedizinischen Universität Wien herausgefunden. Erstaunlich: Es gibt sogar eine sehr hohe Artenvielfalt. In Wien gibt es 74 Säugetierarten. Ohne Heimtiere, aber inklusive unserer treuen Hausgenossen *Hausmaus* und *Wanderratte*.

Die Tiere im mehr oder weniger dicht verbauten Stadtgebiet von Wien sind entweder Allerweltsarten, Arten des Umlandes oder Kulturfolger. *Fuchs*, *Steinmarder* und *Dachs* ziehen über Grünkorridore aus dem waldreichen Umland durch die Außenbezirke Wiens bis ins dicht besiedelte Stadtzentrum.

So zum Beispiel der *Fuchs*, der schon einmal beim Burgtheater oder am Schwedenplatz gesichtet wurde. Was für Forstamtsdirektor Andreas Januskovecz nicht weiter überraschend ist: »Der *Fuchs* ist ein Kulturfolger, der sich schnell geänderten Rahmenbedingungen anpasst.« Und der sich – wie auch der *Dachs* – für die meisten Wiener unbemerkt (weil wie *Fuchs* und *Steinmarder* nachtaktiv) einen Teil der Stadt erobert hat. Rund 4000 Füchse vermuten die Experten im Stadtgebiet. Fuchs- und Dachsbauten wurden unter anderem sowohl im Augarten als auch im Prater und im Sternwartepark gesichtet. In den Pötzleinsdorfer Schlosspark haben sich sogar schon *Wildschweine* verirrt. Und wer *Rehe* in freier Wildbahn sehen will, dem sei ein Spaziergang durch den Zentralfriedhof empfohlen.

LEBENSRAUM
In der Millionenstadt Wien ist Platz für 74 Säugetierarten (ohne unsere Heimtiere).

Am schwersten hat es von den Kulturfolgern der *Dachs*. Er ist eigentlich so gar nicht für das Stadtleben geschaffen. Er wühlt gerne im weichen Boden nach Larven und Würmern, ist aber kein geschickter Jäger. Er wagt sich zwar manchmal in große Parkanlagen der Stadt, bevorzugt aber doch die Grünbezirke. Schätzungen sprechen von rund 200 Exemplaren.

Während der *Fuchs* eher in den großen Parks »wohnt« und das verbaute Gebiet nur als Jagdrevier nutzt, bezieht der *Steinmarder* auch ältere Gebäude,

DAS STEINERNE HERZ UND SEIN GRÜNER GÜRTEL

Keller und Dachböden, wo er durch nächtlichen Lärm und seinen strengen Geruch auffällt. Rund 2000 vermuten die Wissenschafter in Wien. Richtig unbeliebt machte sich der *Steinmarder* aber erst, als er begann, im Motorraum von Autos Plastik- und Gummischläuche zu zerbeißen und Dämmmaterialien zu verwüsten. Dieses merkwürdige Verhalten tauchte zuerst 1979 in der Schweiz, dann um 1985 im Norden Deutschlands spontan auf.

Zu den Gejagten der Stadt zählen *Mäuse* und *Ratten*, von denen weit mehr in der Stadt leben als Menschen. Mit *Mäusen* ist vorwiegend die *Hausmaus* gemeint, in Gärten und Parkanlagen können auch *Wald-* und *Wühlmäuse* zahlreich sein. Die *Wanderratte*, als Kulturfolger des Menschen aus Zentralasien eingewandert, ist erst seit dem 18. Jahrhundert in Österreich nachgewiesen. Im Gegensatz zur *Hausratte*, die in Wien verschwunden ist und zu den gefährdeten Tierarten gehört, liebt die *Wanderratte* feuchte Lebensräume und hält sich daher in den Kanälen der Stadt auf.

Während das Zusammenleben zwischen Mensch und Wildtier im urbanen Raum im Großen und Ganzen funktioniert, bereiten *Wildschweine* – die sich manchmal aus dem Wienerwald kommend in die westlichen Bezirke 17 bis 19 »verirren« – gröbere Schwierigkeiten. Tatsächlich gab es vorübergehend sogar eine Überpopulation in Wien, der Forstdirektor sprach von »explodierenden Wildschweinzahlen«. In der Zwischenzeit hat man die Sache im Griff. Durch vermehrte Abschüsse (2013: 311 Tiere) konnten die Schadensfälle deutlich reduziert werden.

Schäden in Gärten richten auch die streng geschützten *Biber* an, von denen es in Wien etwa 240 Exemplare gibt. Gefällte Thujen in Gärten seien aber, so der Wiener Forstdirektor, »extreme Einzelfälle«. Und weiter: »Wir werden lernen, mit den Wildtieren zu leben.«

Als wahrer *Feldhamster*-Hotspot gilt Wien: Während in den Achtzigerjahren die Populationen in weiten Teilen Europas zusammenbrachen, fühlen sich die Nager in der Donaumetropole offensichtlich äußerst wohl und scheuen sich auch nicht, Küchenabfälle zu fressen. Die größten *Feldhamster*-Dichten weist der 10. Bezirk auf, gefolgt vom Meidlinger Friedhof im 12. Bezirk und vom Zentralfriedhof im 11. Bezirk. Die anpassungsfähigen Nager besiedeln aber auch Parks, Wohnhausanlagen, ja sogar die Böden rund um die Solarkraftwerke der Wien Energie in Liesing. Auf den Wiesen rund um das Kaiser-Franz-Josef-Spital im 10. Bezirk tummeln sich an die 60 *Hamster*. *Feldhamster* sammeln im Sommer in ihren Backentaschen Vorräte, die sie in ihren unterirdischen Bauten horten. Das können schon fünf Kilo oder sogar mehr sein. Die große *Feldhamster*-Dichte in Wien ist insofern überraschend, weil diese Tiere eigentlich Einzelgänger sind, die ihr Revier gegenüber Artgenossen kräftig verteidigen.

Sehr anpassungsfähige Tiere und bei Weitem nicht die spezialisierten Steppenbewohner, als die man sie allgemein kennt, sind *Ziesel*. Sie gehören zu den »Hörnchenartigen«, sind aber kleiner als *Eichhörnchen*. *Ziesel* stehen heute auf der »Roten Liste« der gefährdeten Tierarten, ihr Vorkommen ist auf verstreute Rückzugsgebiete beschränkt. *Ziesel*-Kolonien – die Tiere legen weitverzweigte unterirdische Bauten mit mehreren Eingängen an und halten Win-

---

ZIESEL STEHEN BEREITS AUF DER ROTEN LISTE

Sie gehören zu den »Hörnchenartigen«, sind aber kleiner als Eichhörnchen, und in ihrem Bestand in Wien in ihren Rückzugsgebieten sehr gefährdet. Sie legen weitverzweigte unterirdische Bauten mit mehreren Eingängen an und halten Winterschlaf.

»*Wien ist anders,* die Sorge der Menschen um eine gesunde Umwelt und den Erhalt der Natur ist groß. Dafür ist man auch bereit, Belastungen auf sich zu nehmen. Die Stadtregierung stellt sich den Herausforderungen der Zukunft durchaus bewusst. Wien könnte sich zu einem europäischen Öko-Pol entwickeln.«

Dr. Gerald Navara

DAS STEINERNE HERZ UND SEIN GRÜNER GÜRTEL

terschlaf - sind in Wien nur mehr am Bisamberg, am Goldberg, in Unterlaa und in Stammersdorf nördlich des Heeresspitals zu finden. In Stammersdorf leben rund 200 Tiere, ihr Lebensraum ist allerdings durch ein Bauprojekt akut gefährdet.

Seit den 1960er-Jahren ist der Bestand an *Feldhasen* in ganz Europa stark abnehmend. Als Hauptgrund wird recht einheitlich die Intensivierung der Landwirtschaft gesehen, vor allem der massive Einsatz von Dünger und Pestiziden. Aber auch der Straßenverkehr macht ihnen zu schaffen: Allein in Wien wurden laut Statistik Austria in den Jahren 2013/2014 insgesamt 51 *Feldhasen* getötet. *Feldhasen* bevorzugen offene und halboffene Landschaften. Das können Reste landwirtschaftlicher Flächen am Stadtrand sein, aber auch Weingärten oder Friedhöfe.

An verschiedenen Stellen Wiens kann man gelegentlich *Kaninchen* finden. Sie graben Gänge im Erdreich und legen unterirdische Baue an. *Kaninchen* bevorzugen offene pannonische Biotope, verirren sich aber manchmal auch in das verbaute Stadtgebiet. Diese ursprünglich von der Iberischen Halbinsel stammende Art wurde in Österreich immer wieder ausgesetzt. Bei überhöhten Beständen kann ihre Fraßtätigkeit auch negative Auswirkungen auf die Vegetation haben. Die Bestände werden aber immer wieder durch die Myxomatose, eine Pockenviruserkrankung, dezimiert.

Sie werden leider immer wieder Opfer des Straßenverkehrs: die *Igel*. Trotzdem ist Wien, wie die Wiener Naturschutzabteilung und der Österreichische Naturschutzbund erhoben haben, im Vergleich zu anderen Großstädten eine igelfreundliche Stadt. Hier findet sich in den zahlreichen Parks und sonstigen Grünflächen reichlich geeigneter Lebensraum für sie. Und in den meisten Bezirken ist auch eine Vernetzung der Lebensräume gegeben. Besonders wohl fühlen sich die Tiere in den Bezirken Favoriten, Floridsdorf und Donaustadt. Gänzlich »igelfrei« sind aber auch die stark verbauten städtischen Bezirke nicht – auch im ersten und im dritten Bezirk findet man sie in den weitläufigen Parkanlagen. Übrigens hat eine von der Wiener Naturschutzabteilung in den Jahren 2007 und 2008 durchgeführte Erhebung über ein Online-Portal unter Einbindung von Amateuren (»Laienmonitoring«) einen Bestand von 1349 Igeln in Wien ergeben. Das sind sicherlich keine absoluten Zahlen, die in einer Verbreitungskarte eingetragenen Meldungen geben aber einen guten Hinweis darauf, wo sich die Tiere bevorzugt aufhalten.

Die Gassen der Stadt werden oft mit Schluchten, die Fassaden der Gebäude mit Felswänden verglichen. Tatsächlich besitzen die hoch aufragenden Kirchtürme, Wohnhäuser und Bürogebäude Eigenschaften einer schroffen Felslandschaft. Das ist auch der Grund dafür, warum sich hier einige Tierarten besonders wohlfühlen. *Zweifarbenfledermaus* und *Abendsegler* fliegen regelmäßig zu Beginn der kalten Jahreszeit in die künstliche Felsenlandschaft der Innenstadt. Und Wien beherbergt, wie viele andere Metropolen auch, eine stattliche Anzahl von *Turmfalken* und noch viel mehr *Stadttauben*, die von der *Felsentaube* abstammen. *Mauersegler* brüten hier, und auch für den *Hausrotschwanz* und *Haussperling* passen Häuser und Mauern in das Lebensraum-Suchbild.

JÄHRLICHER BESUCH AUS RUSSLAND

Russen oder Raben nennen die Wiener jene Zigtausenden Saatkrähen, die im Winter aus den Gebieten südlich von Moskau zu uns kommen und hier die kalte Jahreszeit verbringen.

DAS STEINERNE HERZ UND SEIN GRÜNER GÜRTEL

Rund 5000 *Mauersegler*-Paare, die Ende April aus Afrika zurückkommen, brüten jedes Jahr in Wien – auch in der Innenstadt. Allerdings haben Dachausbauten und Sanierungen dem *Mauersegler* viele Brutplätze genommen. *Mauersegler* verbringen den Großteil ihres Lebens in der Luft, sie schlafen sogar im Fliegen. An warmen Juli-Abenden sammeln sich oft große Scharen der flüggen Jungvögel zu Flugspielen und schaffen dabei mit ihrem hohen »Sriiii« eine charakteristische Lautkulisse des Stadtsommers.

Wissenschafter haben festgestellt, dass Wien mit 252 Brutpaaren die bis dato höchste Dichte von *Turmfalken* in einer europäischen Großstadt aufweist. Allerdings ist der Bruterfolg der Vögel in der Stadt deutlich geringer als im ländlichen Raum – es mangelt an Beutetieren, in erster Linie *Mäuse*, und daher gelingt es nicht immer, die geschlüpften Jungfalken durchzufüttern. Da der *Turmfalke* in der Stadt nicht nur hinter Nagetieren und Stadttauben her ist, sondern sich oft auch an den geliebten Kleinvögeln vergreift, wird er von manchen Wienern wenig geschätzt.

Während *Mauersegler* ihre Fluginsekten am Tag erbeuten, sind *Fledermäuse* nachtaktive Flieger. Wien beherbergt eine erstaunliche Vielfalt aus dieser einzigen voll flugfähigen Säugetiergruppe. Von den 28 Arten der aktuellen Fauna Österreichs wurden 21 auch in Wien nachgewiesen, darunter sogar die (zu Unrecht so genannte) *Alpenfledermaus*, die in Österreich 130 Jahre lang verschollen war.

So richtig kündigt sich in Wien der Winter an, wenn »die Russen« eintreffen – das ist so um den 20. Oktober, manchmal auch früher, und er endet, wenn sie im März wieder abfliegen. Russen oder Raben, so nennen die Wiener mehr oder weniger liebevoll die Zigtausend *Saatkrähen*, die – aus Gebieten südlich von Moskau kommend – an verschiedenen, über Jahrzehnte hinweg traditionell gleichbleibenden Schlafplätzen in der Stadt verteilt die Nächte verbringen. Die Steinhofgründe mit dem Gallitzin- oder Wilhelminenberg und der Wiener Prater sind die größten dieser Schlafstellen. Abends sitzen hier die schweigenden großen Vögel dicht an dicht auf den winterkahlen Bäumen. Am Morgen ziehen sie dann krächzend in riesigen Scharen in das umliegende flache Land, um auf den Feldern nach Nahrung zu suchen.

Übrigens: Wien kann mit einem Europarekord aufwarten: Mit einer Flügelspannweite von bis zu 16 Zentimetern ist das *Wiener Nachtpfauenauge* nicht nur der größte heimische Nachtfalter, sondern sogar der größte Schmetterling Europas! Namensgebend für den Schmetterling sind seine »Pfauenaugen«, augenförmige dunkle Flecken auf den Flügeln zur Abschreckung von Feinden. Den Beinamen »Wiener« erhielt der Falter, da ein Exemplar aus Wien das erste war, das 1775 wissenschaftlich beschrieben wurde. Obwohl die wärmeliebende Art ihre Hauptverbreitung im Mittelmeerraum hat. Das – übrigens seltene – *Wiener Nachtpfauenauge* kommt außerhalb der Schutzgebiete Wienerwald, Lobau und Prater in naturnahen Gärten am Stadtrand, in Weingärten und auf Friedhöfen vor.

—Daten & Fakten

W W

//
Der Wert der lange Zeit hindurch vernachlässigten Stadtbrachen als innerstädtische Ausgleichsflächen für Spontanvegetation und als Spielräume im Nahbereich mit der Möglichkeit zu Naturkontakt für Stadtkinder wird heute auch von der Stadtverwaltung anerkannt.

//
Anderswo in der Europäischen Union wundert man sich über die Kooperation der Wiener Bevölkerung. Ist Wien tatsächlich so anders? Ja, weil ein vergleichender Blick auf andere europäische Großstädte den Schluss zulässt. Die Stadtregierung stellt sich den Herausforderungen der Zukunft durchaus bewusst. Wien könnte sich zu einem europäischen Öko-Pol entwickeln.

//
Der Wald- und Wiesengürtel Wiens geht in seinen frühesten Anfängen auf Joseph II. zurück. Den Anstoß beim gebildeten Kaiser gab die Wissenschaft, die mit der Verbesserung der Volksgesundheit argumentierte. Aber erst 1905 beschloss der Gemeinderat ganz offiziell das »Generalprojekt eines Wald- und Wiesengürtels« im Ausmaß von 6000 Hektar.

//
Wieder hundert Jahre später ist festzustellen, dass dieser Gürtel im Nordosten und Süden noch immer etliche Löcher hat. Mit dem Schließen eines dieser Löcher wurde im Oktober 2014 begonnen: In der Donaustadt entsteht das zukünftig 1000 Hektar große Grün- und Erholungsgebiet »Wienerwald Nordost«. Das Gebiet, das den Namen »Norbert-Scheed-Wald« (benannt nach dem verstorbenen Donaustädter Bezirksvorsteher) tragen wird, soll nicht nur Freizeit- und Erholungsgebiet für die Menschen sein, sondern als Naturraum und Lebensraum für Wildtiere die Biodiversität im Stadtgebiet erhalten und weiter verbessern.

KULTURFOLGER
Füchse passen sich sehr schnell an die urbane Umgebung an. Experten vermuten, dass in Wien rund 4000 Füchse leben.

DER JÄGER

Am Speiseplan der Turmfalken stehen sie an
vorderster Stelle – die Stadttauben.

DIE GEJAGTEN

Die Stadttaube stammt von der Felsentaube ab, und fühlt sich in den Gassen und Schluchten der Stadt wohl.

TÜCHTIGER EROBERER

Nach seiner Wiederansiedlung Ende der Siebzigerjahre eroberte der Biber erfolgreich seine alten Reviere zurück. Heute leben rund 230 Tiere außerhalb des Nationalparks Donau-Auen.

NICHT WÄHLERISCH

Füchse passen sich sehr gut an die Verhältnisse im
»steinernen Herzen« der Großstadt Wien an.

GARTENREHE

*Das Rehwild kommt ganz nahe an die
Häuser und springt sogar über Zäune.*

PLATZ IST IN DER KLEINSTEN NISCHE

*Der Hausrotschwanz kam früher im Gebirge vor, seit
etwa 250 Jahren ist die Art auch im Tiefland verbreitet.
Die Vögel sind typische Nischenbrüter.*

LETZTE OASEN
Feldhasen haben es immer schwerer. Ihr Lebensraum wird von Fabriken umzingelt.

**SEIDEN-
SCHWÄNZE**
sind in Wien als
Durchzügler
nur Winter-
gäste.

EIN WAHRER EUROPÄER

*Die Mehlschwalbe kommt am gesamten Kontinent
vor. Sie baut geschlossene Schlammnester unter Dach-
rändern und Gesimsen mit oberem Eingangsloch.*

ZUDRINGLICH, SCHLECHTER RUF

Wespen bauen Nester aus papierartiger Masse. Es gibt mehrere Etagen, das Flugloch ist unten. Die Königin des Staates stirbt im Herbst, der Staat löst sich auf.

BEEREN ALS DESSERT
Die Misteldrossel ernährt sich in erster Linie von Regenwürmern. Beeren gibts als Nachspeise.

LIEBT KELLER UND DACHBÖDEN

*Der nachtaktive Steinmarder bewohnt gerne
ältere Gebäude, wo er durch nächtlichen Lärm
und seinen strengen Geruch auffällt.*

EIGENTLICH KEIN GESCHICKTER JÄGER
*Der Dachs ist von allen Kulturfolgern am wenigsten
für das Stadtleben geschaffen. Er wühlt gerne im
weichen Boden nach Larven und Würmern.*

SYMBOLISCH

Die Möwe scheint zu signalisieren:

Wien bietet Lebensraum.

EXTREME EINZELFÄLLE
Gefällte Thujen in Gärten hat der
Biber schon am Gewissen.

VORWITZIGE STADTBEWOHNER Nebelkrähen sind Allesfresser und besuchen häufig auch die städtischen Mülldeponien.

SCHLAU UND PRAKTISCH
ÜBERALL ZU FINDEN

*Füchse wurden in Wien tatsächlich in der
Nacht nicht nur vor dem Burgtheater oder am
Schwedenplatz gesichtet, sondern auch in
so manchem Hausgarten.*

WAHRZEICHEN IST KEIN HINDERNIS
*Für die Kormorane sind der Donauturm sowie die
angrenzende UNO-City absolut kein Hindernis.*

HAMSTER »HAMSTERN« GANZ GEWALTIG

Feldhamster sammeln im Sommer in ihren Backentaschen
Vorräte, die sie in ihren unterirdischen Bauten horten.
Das können schon fünf Kilo oder mehr sein.

LEIDER OFT OPFER DES STRASSENVERKEHRS
*Trotzdem ist Wien eine igelfreundliche Stadt mit
reichlich geeigneten Lebensräumen. Der
Bestand liegt bei rund 1300 Tieren.*

GUTE NERVEN
Selbst S- und U-Bahn können die Rehe auf den Feldern nicht aus der Ruhe bringen.

DAS IST EINSAMER EUROPAREKORD

Mit einer Flügelspannweite von bis zu 16 Zentimetern ist das Wiener Nachtpfauenauge nicht nur der größte heimische Nachtfalter, sondern auch der größte Schmetterling Europas.

IN WIEN HEISSEN SIE ALLE »HANSI«
Das Eichhörnchen ist der einzige natürlich in Mittel-
europa vorkommende Vertreter seiner Gattung.

HEIMLICHES NACHTLEBEN
Nicht ungefährlich ist der Lebensraum, den sich diese Kaninchen ausgesucht haben.

Wienerwald und Lainzer TIERGARTEN

Der Wienerwald ist eine Gefühlslandschaft, eine Landschaft, in der man sich, wie Alfred Komarek beschreibt, »zielgerichtet verirren« kann. Man wandert einfach so lange weiter, bis man an einen Punkt kommt, der einem bekannt vorkommt …

Erste Besiedlungsspuren gibt es bereits aus der Zeit zwischen 2000 und 3000 v. Chr. Der von den Römern als »Waldgebirge« bezeichnete Raum erstreckte sich von Wien bis zum Semmering auf einer Fläche von rund 135.000 Hektar. Allerdings liegt der Großteil im Bundesland Niederösterreich, nur ein kleiner Teil – etwa vier Prozent – befindet sich innerhalb der Wiener Landesgrenze. Als Ganzes gesehen stellt der Wienerwald einen ausgezeichneten Erholungsraum für die Wiener Bevölkerung dar. Und er ist wichtiger Lebensraum für viele Tier- und Pflanzenarten. Zum Schutz des Gebietes wurde der Wienerwald 2005 von der UNESCO im Rahmen des Programms »Der Mensch und die Biosphäre« (MAB) nach internationalen Kriterien als »Biosphärenpark« anerkannt.

Dass es den Wienerwald überhaupt noch gibt, ist Verdienst des Journalisten Josef Schöffel (1832–1910). Eine Krise des Staatshaushaltes nach dem Krieg gegen Preußen 1870 führte zum Reichsgesetz zur »Veräußerung von Staatseigentum«. Das betraf auch den Wienerwald, der als Staatseigentum zur Auffüllung der leeren Staatskassen verkauft werden sollte. 20 Millionen Gulden wurden als Erlös erwartet. Von diesem Gesetz profitierte vor allem der Holzhändler Moritz Hirschl, der zu sehr vorteilhaften Bedingungen Wald kaufen und Holz schlägern konnte. Die Gemeinde Wien verhielt sich gegenüber der drohenden Vernichtung ihres Waldgürtels apathisch, im Reichsrat gab es niemanden, der gegen diesen drohenden »Raub am Staatseigentum« aufgetreten wäre. In dieser Situation startete Josef Schöffel seinen Feldzug gegen jenes Amt, in dem, wie er schrieb, »die verwegensten Schwindler und Hochstapler« saßen. In zahlreichen Zeitungsartikeln mobilisierte er die Bevölkerung. Das Ergebnis dieser ersten österreichischen Bürgerinitiative: 1872 wurde das Gesetz von 1870 wieder aufgehoben, der Vertrag mit Hirschl aufgelöst und ein totales Schlägerungsverbot für den Wienerwald erlassen.

Der Wienerwald wurde so zur »Grünen Lunge Wiens« und im Jahr 1905 mit der Einrichtung des »Wald- und Wiesengürtels« unter Schutz gestellt.

Sozusagen das »Herz« jenes Teiles des Wienerwaldes, der innerhalb der Wiener Landesgrenze liegt, ist der Lainzer Tiergarten im Westen der Stadt. Die

WALDGEBIRGE DER RÖMER
Der Wienerwald erstreckt sich von Wien bis zum Semmering auf einer Fläche von rund 135.000 Hektar. Siedlungen gab es bereits 3000 v. Chr.

WIENERWALD
UND LAINZER TIERGARTEN

SCHÜTZENSWERTE »GRÜNE LUNGE«

Der Wienerwald wurde von Josef Schöffel vor der Abholzung gerettet und im Jahr 1905 mit der Einrichtung des »Wald- und Wiesengürtels« unter Schutz gestellt.

Gesamtfläche beträgt 2450 Hektar, davon sind 1945 Hektar Waldfläche. Der »Tiergarten« ist mit einer 22 Kilometer langen Mauer umgeben. Die übrigens eng mit dem Sprichwort vom »armen Schlucker« verbunden ist. Philipp Schlucker war ein Baumeister, der sich für den Bau der Mauer rund um den Lainzer Tiergarten beworben hatte. Angeblich belief sich seine Kostenschätzung auf lediglich ein Sechstel der Kosten der Konkurrenz. Die 22 Kilometer lange Mauer wurde von Kaiser Joseph II. bei Schlucker in Auftrag gegeben, und der erledigte den Auftrag in den Jahren 1782 bis 1787. Die Menschen vermuteten damals, Schlucker habe sich bei den Baukosten zu seinem eigenen Nachteil verkalkuliert – aus dieser Legende soll sich der Ausdruck »Du armer Schlucker« gebildet haben. Ob sich Schlucker übrigens tatsächlich zu seinen Ungunsten verrechnet hat, ist historisch nicht belegt. Ein Teil der originalen Mauer ist übrigens noch heute beim Pulverstampftor erhalten.

Der Lainzer Tiergarten liegt im Grenzgebiet von pannonischem Klima im Osten (hohe Sommertemperaturen und relativ geringer Niederschlag) und ozeanischem Klima (geringe mittlere Jahrestemperaturen und größere Niederschlagsmengen). Wegen der großen Artenvielfalt und dem Vorkommen zahlreicher gefährdeter Tier- und Pflanzenarten stellt das Areal einen hochrangigen schützenswerten Natur- und Landschaftsraum dar. Bereits 1941 wurde der Lainzer Tiergarten erstmals zum Naturschutzgebiet erklärt. Die Naturschutzverordnung der Wiener Landesregierung aus dem Jahr 2008 sichert die Erhaltung des Gebietes in seiner heutigen Form. Seit 2008 ist der Lainzer Tiergarten auch Europaschutzgebiet und darüber hinaus »Natura 2000-Gebiet« und damit Teil eines europaweiten Netzes besonders wertvoller Schutzgebiete. Gemäß der Flora-Fauna-Habitat-Richtlinie (FFH) der Europäischen Union sind einige der Wälder im Lainzer Tiergarten prioritäre, europaweit schützenswerte Lebensräume. Es sind dies die Erlen-Eschen-Wälder an größeren Bächen, die Hangmischwälder und der Labkraut-Hainbuchen-Wald.

Um den Wienerwald künftig noch besser zu schützen, haben die Länder Wien und Niederösterreich im Jahr 2002 beschlossen, den Wienerwald zum »Biosphärenpark« zu erklären. Der Lainzer Tiergarten ist Teil dieses »Biosphärenparks«. Vom Forstamt der Stadt Wien wird jährlich ein detaillierter Managementplan für alle Tätigkeitsbereiche im Lainzer Tiergarten erstellt, der von der Naturschutzbehörde genehmigt werden muss.

Mit seinem 400 Jahre alten Eichenwald ist das Naturwaldreservat Johannser Kogel eine Besonderheit im Wiener Raum. Mit einem Stammumfang von mehr als vier Metern lassen die über 400 Jahre alten Eichengiganten im Lainzer Tiergarten den Menschen klein erscheinen. 1972 wurde der Johannser Kogel zum Naturwaldreservat erklärt. Er wurde seiner natürlichen Entwicklung – aus Naturschutzgründen und zu Forschungszwecken – überlassen. 45 Hektar des 70 Hektar großen Reservats sind umzäunt und ohne Führung für Besucher des Lainzer Tiergartens nicht zugänglich.

Als der vielfältigste und außergewöhnlichste Teil des stadtnahen Wienerwaldes (und einer der ältesten Tierparks in Europa) bietet der Lainzer Tiergarten Tierarten, die sonst nicht mehr anzutreffen sind oder immer rarer werden, einen Lebens- und Überlebensraum. So leben auf den naturnahen Wiesen und im Totholz der urigen Wälder unzählige Insektenarten. Insgesamt 39 verschiedene Heuschreckenarten,

zahlreiche Schmetterlinge, aber auch *Hirschkäfer* und seltene *Bockkäfer* (*Eichen-* und *Alpenbock*). Die zahlreichen Teiche, Tümpel, Gräben und Wiesen bieten 15 Amphibien- und Reptilienarten hervorragende Lebensräume, u. a. *Gelbbauchunke, Feuersalamander, Laubfrosch, Bergmolch* und *Alpen-Kammmolch*.

Besonders vielfältig ist auch die Vogelwelt. 94 Arten leben im Lainzer Tiergarten, neben zahlreichen Greifvogelarten u. a. *Weißrückenspecht, Schwarzspecht, Großer Buntspecht, Kleinspecht, Grau-* und *Grünspecht* sowie *Zwergschnäpper, Halsbandschnäpper, Hohltaube* und *Waldkauz*. Von den 28 in Österreich bekannten Fledermausarten kommen 15 im Lainzer Tiergarten vor (*Bartfledermaus, Kleine Hufeisennase, Kleiner Abendsegler*).

Traditionsgemäß leben hier etwa 500 *Wildschweine*, die in guten Jahren bis zu 1000 Junge bekommen können. Selten zu sehen bekommt man das *Rotwild* (etwa 20 Stück), zutraulicher sind die *Damhirsche* (100 bis 120 Stück), *Rehe* (deren Stückzahl nicht feststellbar ist) sowie etwa 300 *Mufflons*.

An die bereits 1627 ausgerotteten *Auerochsen* (Ur), die Stammform unserer Hausrinder, erinnern die in einem großen Gehege beim Hohenauer Teich gehaltenen und im Lainzer Tiergarten ab 1928 aus urtümlichen Rinderrassen rückgezüchteten Tiere.

WW –Daten & Fakten

//

Der Wienerwald erstreckt sich über eine Fläche von rund 135.000 Hektar westlich von Wien. Der Großteil dieser Fläche liegt in Niederösterreich, ein kleiner Teil, etwa 9900 Hektar, befindet sich innerhalb der Wiener Landesgrenze und umfasst sieben Gemeindebezirke.

//

Im Biosphärenpark Wienerwald haben Wissenschafter rund 2000 Pflanzenarten und 150 Brutvogelarten vorgefunden, darunter den Habichtskauz, der jetzt wieder im Wienerwald brütet.

//

Der Wienerwald ist Erholungsraum für die Wiener Bevölkerung und wichtiger Lebensraum für viele Tier- und Pflanzenarten. Um den Wienerwald auch in Zukunft zu schützen und gleichzeitig den Ansprüchen der Menschen gerecht zu werden, wurde er im Juni 2005 von der UNESCO im Rahmen des Programms »Der Mensch und die Biosphäre« (MAB) nach internationalen Kriterien als Biosphärenpark anerkannt.

//

In den 1970er-Jahren wurde die Öffentlichkeit durch Hiobsbotschaften über die Wälder aufgerüttelt: Waldsterben auf riesigen Flächen im Umkreis von Industriegebieten, aber auch in »Reinluftgebieten« wie den Alpen. Das löste intensive Forschungstätigkeiten aus und führte zu strengen Maßnahmen und gesetzlichen Bestimmungen gegen die Emission von Luftschadstoffen.

//

Dass es den Wienerwald überhaupt noch gibt, ist Verdienst des Journalisten Josef Schöffel (1832–1910), der die Bevölkerung gegen die drohende Abholzung der Wälder aufbrachte und im Zuge dieser »ersten österreichischen Bürger-initiative« die Vernichtung des Wienerwaldes 1872 erfolgreich verhinderte.

//

Der Lainzer Tiergarten ist einer der ältesten Tierparks Europas. Er liegt im Westen der Stadt Wien im östlichen Wienerwald. Die Gesamtfläche beträgt 2450 Hektar, davon sind 1945 Hektar Waldfläche. Der Lainzer Tiergarten wird jährlich von mehr als 500.000 Personen besucht. Er wurde bereits 1941 erstmals zum Naturschutzgebiet erklärt. Die Naturschutzverordnung der Wiener Landesregierung von 2008 sichert seine Erhaltung in seiner heutigen Form. Seit 2008 ist der »Lainzer Tiergarten« auch Europaschutzgebiet.

GEFÜHLSLAND-SCHAFT AM RAND DER GROSSSTADT
Der Wienerwald ist eine Landschaft, in der man sich »zielgerichtet verirren kann«, wie Alfred Komarek meint.

GEGENSCHUSS NACH OSTEN
Blick vom Wienerwald auf die Millionenstadt Wien und die Donau, getrennt nur durch Weingärten.

WILDSCHAFE

Rund 500 Mufflons leben im Lainzer Tiergarten.
Die Widder werden bis zu 70 Kilo schwer.

EINE KRÄFTIGE »SCHWEINEREI«

Traditionsgemäß leben im Lainzer Tiergarten etwa
500 Wildschweine, die in guten Jahren bis zu
1000 Junge bekommen können.

KEIN KOMISCHER KAUZ

Waldkäuze lieben reich strukturierte Landschaften,
in denen sich Wälder mit offenen Flächen abwechseln.

KAPITALER HIRSCH

Lebt im stadtnahen Lainzer Tiergarten,
einem der ältesten Tierparks Europas, seit
1941 unter Naturschutz.

SUHLE
Lästige Parasiten lassen sich im Schlammbad schnell vertreiben.

SCHEU UND VERSTECKT

Das Rotwild bekommt man im Lainzer Tiergarten
nur selten zu sehen. Die Tiere führen ein
verstecktes Leben.

HIER WIRD NICHT GEBETET
Wenn die Gottesanbeterin ihre kräftigen Vorderbeine hebt,
ist sie auf Beute aus. Die Fangheuschrecke »betet« also
nicht, sondern kann blitzschnell zuschlagen.

Wein-GÄRTEN

Wien ist nicht denkbar ohne den Wein und den Weinbau. Die Wiener Weingärten breiten sich hauptsächlich im Norden (in »Transdanubien« am Bisamberg), Westen und Südwesten der Stadt aus. Sie sind ein wichtiger Bestandteil des Grüngürtels, der die Lebensqualität der Stadt beeinflusst. Weinbau wird in Wien von rund 450 Betrieben auf einer Fläche von 678 Hektar in sechs Bezirken (Döbling, Floridsdorf, Favoriten, Ottakring, Liesing und Hernals) betrieben. Pro Jahr werden knapp 2,5 Millionen Liter Wein gekeltert. Damit ist Wien die einzige Weltstadt mit einer nennenswerten Weinproduktion.

Rund die Hälfte des Wiener Weinbaugebietes mit einer Fläche von 350 Hektar findet sich im Nordwesten der Stadt an den Hängen des Kahlenbergs und des Nussbergs mit den Weinbauorten Nussdorf, Grinzing, Sievering, Heiligenstadt, Neustift am Walde und Salmannsdorf. Weiters werden am Fuße des Bisambergs im Nordosten der Stadt, in Stammersdorf, Strebersdorf und Jedlersdorf, rund 260 Hektar Weingärten bewirtschaftet. Kleinere Weinbaugebiete finden sich im Süden Wiens in Mauer und Oberlaa am Laaer Berg. Der kleinste Weingarten Wiens liegt am Schwarzenbergplatz im Stadtzentrum.

Charakteristisch für die Weinbaugebiete ist das Weinhähnchen. Sein ungemein stimmungsvoller Gesang, für viele der schönste von allen einheimischen Grillen, ist an lauen Abenden in der Dämmerung und in den ersten Nachtstunden zu hören. Allein seinetwegen lohnt sich für romantisch veranlagte Menschen ein Spaziergang in der Dunkelheit durch die Weingärten.

Sehr selten kommt die Zaunammer in den Weingärten vor, man findet vor allem wärmeliebende Tiere wie zum Beispiel die *Gottesanbeterin* (die einzige *Fangschrecke* in Mitteleuropa), selten den *Osterluzeifalter*, die *Smaragdeidechse*, das *Ziesel* sowie *Hasen*, *Füchse*, *Rehe* und die *Wechselkröt*e.

WW —Daten & Fakten

//
Der Weinbau ist in Wien vermutlich so alt wie die Stadt selbst, die ältesten Wiener Weingärten sind ab 1132 nachweisbar. Schon die Kelten haben 500 v. Chr. hier Weinbau betrieben, was zahlreiche Funde belegen. Bereits zur Zeit der keltischen Siedlung »Vedunia« und dem römischen Militärlager Vindobona gab es die ersten Rebkulturen in Wien.

//
Zur Zeit des Mittelalters war die Stadt noch ganz von Weingärten umgeben. Im Zuge der fortschreitenden Verstädterung wurde jedoch ein großer Teil gerodet.

Wiens kleinster Weingarten am Schwarzenbergplatz wurde bereits vor mehr als 100 Jahren gepflanzt und gilt als naturhistorischer Schatz der Stadt. Stattliche 60 Reben gedeihen dort mitten im städtischen Verkehr. Nach einjähriger Reife wird dieser kostbare urbane Wein dann – so will es die Tradition – für einen guten Zweck im Wiener Rathaus versteigert.

WEINGÄRTEN

AUF DER ROTEN LISTE
Ziesel gehören zu den gefährdeten Tierarten.

Alte Donau und DONAUINSEL

Die Alte Donau ist ein Altarm der Donau in Wien, der mit dem Strom aber nicht mehr verbunden, sondern durch einen Damm getrennt ist. Im frühen 18. Jahrhundert wurde die heutige Alte Donau nach mehreren verheerenden Überschwemmungen zum Hauptarm der Donau und in der Folge als Floridsdorfer Arm bezeichnet. Die Alte Donau ist seit der Donauregulierung in den Jahren 1870 bis 1875 gänzlich vom Wasserzufluss abgeschnitten und wird nur durch das Grundwasser gespeist. Durch das Entlastungsgerinne, die »Neue Donau«, und das Kraftwerk Freudenau wurde auch der Wasseraustausch intensiviert. Jetzt ist sie Erholungs- und Badegebiet der Wiener, was zu Beginn der 90er-Jahre zu einer starken Algenbelastung geführt hat. Durch Ausbaggern, Aussetzen von Aalen und künstliche Sauerstoffzufuhr konnte das Problem aber weitgehend gelöst werden. Seit 1875 ist die Alte Donau ein Binnengewässer mit einer Fläche von rund 1,6 km², einem Volumen von rund vier Millionen Kubikmetern und einer mittleren Tiefe von 2,5 Metern.

Erstaunlich funktioniert an der Alten Donau das Zusammenleben von Tier und Mensch. Was nicht immer einfach ist. Gibt es doch an den Ufern eine Reihe von öffentlichen Strandbädern, das Bekannteste ist das »Gänsehäufel«. Man kann Ruder-, Segel-, Tret- und Elektroboote sowie Surfbretter mieten. Und man kann Wasserskilaufen oder »wild« baden. An den Ufern gibt es eine Fülle von Sommerhäuschen, und im Hintergrund sind die Hochhäuser von Donau City, Donauturm und UNO-City nicht zu übersehen. Und trotzdem gibt es in der Oberen Alten Donau bei der Floridsdorfer Brücke im 21. Bezirk seit Jahren eine Graureiherkolonie, obwohl praktisch von allen Seiten stark befahrene Straßen und die U-Bahn daran vorbeiführen. Neben den obligaten *Stockenten* fischen in der Alten Donau auch *Kormorane*. Aus der Vogelwelt sind dann noch die allseits beliebten *Schwäne, Blässhühner, Mandarinenten, Möwen, Mauersegler* und *Mehlschwalben* und – im benachbarten »Kaiserwasser« im 22. Bezirk – manchmal auch ein *Eisvogel* zu beobachten. In der Dämmerung kommen regelmäßig Dohlenschwärme an die nun menschenleeren Strände der Bäder, um hier ungestört trinken und baden zu können. Und – man ist versucht zu sagen natürlich – auch die *Biber* haben diesen Lebensraum wieder für sich entdeckt. *Sumpfschildkröten* und *Ringelnattern* runden die Aufzählung der wichtigsten höheren Tiere ab.

MITEINANDER
Auf der künstlich geschaffenen Donauinsel leben heute Wildtiere und Menschen in friedlicher Koexistenz.

ALTE DONAU UND DONAUINSEL

Erste Regulierungsarbeiten am Donaustrom in Wien gab es nachweislich bereits im 15. Jahrhundert. Das ehemalige Überschwemmungsgebiet entstand im Zuge der großen Donauregulierung im 19. Jahrhundert zwischen 1869 und 1875. Trotzdem kam es bei Hochwässern immer wieder in Teilen Wiens zu Überschwemmungen. Aus diesem Grund wurde das – vorerst – rein technische Projekt eines Entlastungsgerinnes (»Neue Donau«) entwickelt. Sehr bald kam man bei den Planungen zur Erkenntnis, dass auch das Erhalten und Einbeziehen von Elementen der ursprünglichen Stromlandschaft sowie das Anlegen von Biotopen sinnvoll wäre. Die Donauinsel wurde daher in verschiedenen Abschnitten unterschiedlich gestaltet – naturnah im nordwestlichen und südöstlichen Randbereich, städtisch-parkartig im Mittelteil zwischen Floridsdorfer- und Kaisermühlenbrücke.

Die mit Donauschotter aufgeschüttete Donauinsel ist 21 Kilometer lang und durchschnittlich 200 Meter breit. Es stehen 42 Kilometer Badestrände zur Verfügung sowie 12 Quadratkilometer Wiesen und 17 Quadratkilometer Wald. Ursprünglich 1977 als Hochwasserschutz geplant (»Entlastungsgerinne«) hat sich die Donauinsel in der Zwischenzeit zu einem beliebten Naherholungsgebiet, aber auch zu einem von vielen Tierarten besiedelten Biotop entwickelt. Insgesamt wurden 1,8 Millionen Bäume und Sträucher gepflanzt, mehr als 600 Baum- und andere Pflanzenarten gedeihen auf der Donauinsel. Für die Wissenschaft war die Donauinsel ein ideales »Freilandlabor«, in dem die Wiederbesiedlung eines künstlichen Raumes mit verschiedenen Tierarten dokumentiert werden konnte. Denn ein ganzes Verbundsystem von Biotopen wie Keimellacke, Endelteich, Hüttenteich, Schwalbenteich, zuletzt Tritonteich wurden künstlich angelegt. Mit Ausnahme zweier Altarme der Donau (Toter Grund, Zinkerbachl), die erhalten blieben, sind alle Feuchtbiotope auf der Donauinsel von Menschen angelegt worden.

Heute leben die Wildtiere hier in friedlicher Koexistenz mit Erholungsuchenden, Badenden und Radfahrern. Zum Beispiel 27 Libellenarten sowie zahlreiche Amphibien wie die *Knoblauchkröte, Wechselkröte, Seefrosch, Laubfrosch, Tieflandunken* und *Erdkröten*. Es gibt Reptilien wie *Zauneidechsen* und *Ringelnatter* sowie 25 verschiedene Fischarten. Auch Säugetiere fühlen sich hier wohl: *Hasen, Füchse, Rehe*, jede Menge *Biber, Wiesel, Marder, Igel* und *Mäuse* haben hier eine neue Heimat gefunden. Und was die Vogelwelt betrifft: Ornithologen freuen sich über die größten Vorkommen von *Nachtigallen* und *Beutelmeisen* in ganz Österreich.

> **WIEDERBESIEDLUNG**
> *Für die Wissenschaft war die Donauinsel ein neues, geradezu ideales »Freilandlabor«.*

–Daten & Fakten

WW

//

Früher verzweigte sich die Donau in viele einzelne Arme und Gerinne und bildete ein weites, wildes Augebiet. Der Hauptstrom änderte nach Hochwässern immer wieder seinen Lauf, wodurch der Bau von festen Brücken unmöglich war, da diese durch fast jeden der häufigen Eisstöße zerstört wurden.

//

Die Donauinsel, ein beliebtes Freizeit- und Erholungsgebiet, bildet auch eine wichtige ökologische Verbindung zwischen den Donau-Auen ober- und unterhalb von Wien. Zum Schutz bedrohter Tierarten, die ursprünglich in diesem Überschwemmungsgebiet beheimatet waren, wurde auf der Insel eine Vielzahl von Kleinlebensräumen geschaffen: Feuchtgebiete, Ruderalflächen, Baum- und Strauchgruppen, Waldraine, Wiesen und Hecken. Kernstück dieses Biotopverbundsystems sind Teiche, die vor allem als Laichgewässer gefährdeter Amphibienarten eine wichtige Bedeutung haben.

//

Auf der gesamten Donauinsel, besonders aber im weniger erschlossenen Nord- und Südteil, werden gezielte Biotop-Managementmaßnahmen durchgeführt. Beispiele dafür sind die jährliche Erneuerung der Brutwände für Uferschwalben am Schwalbenteich, die Schaffung von Ruderalflächen und Wildäckern sowie die Anlage von Bruthaufen für Ringelnattern. Die Donauinsel ist somit ein Refugium für eine reichhaltige Tier- und Pflanzenwelt inmitten der Großstadt Wien, aber auch ein großes »Freiluftlabor« für Biologen, Ökologen und Landschaftsplaner.

//

Der Mittelteil der Insel ist durch intensive Nutzung (Lokale, Sportmöglichkeiten, Veranstaltungen) und eine entsprechend hohe Besucherdichte – bis zu 300.000 Menschen an schönen Sommertagen – geprägt.

//

Der nördliche und südliche Abschnitt ist dagegen naturnah gestaltet. Zwei Stillgewässer seien beispielhaft genannt: Der Schwalbenteich mit seiner Uferschwalbenkolonie und das Tritonwasser, wo die Entwicklung der Amphibien- und Libellenfauna seit seiner Fertigstellung im Jahr 1990 genau dokumentiert wird.

WO DIE LERCHE SINGT

*In Europa leben noch immer bis zu 80 Millionen
Brutpaare der Haubenlerche, einige davon
auch auf der Wiener Donauinsel.*

WINTERGÄSTE
*Lachmöwen überwintern in Wien und rasten in
großen Schwärmen auf gemeinsamen Schlafplätzen,
unter anderem an der Alten Donau.*

ALTARME
»Toter Grund« und »Zinkerbachl« blieben bei der künstlichen Gestaltung der Donauinsel im Original erhalten.

GRÜNE FÜSSE
Die wissenschaftliche Bezeichnung bedeutet übersetzt
»grünfüßiges Hühnchen«. Das Teichhuhn gehört
zur Familie der Rallen.

STARKE NERVEN

... braucht der Biber auf der Donauseite der Donauinsel
vor der stark befahrenen Süd-Ost-Tangente.

NISTPLATZ WASSERPARK

Ungeniert bauen die Graureiher in Floridsdorf
am Ende der Alten Donau ihre Nester
neben den Hochhäusern.

BESTÄNDIG
Die »Alte Donau« hat bereits vieles, u. a. den U-Bahn-bau, überlebt und ist ökologisch stabil.

ANPASSUNGSFÄHIG
*Kormorane lassen sich nicht
so leicht vertreiben.*

EIGENTLICH AMERIKANER
*Die Gelbbauch-Schmuckschildkröte stammt
aus den USA und gilt als »die typische
Wasserschildkröte«.*

ALTE DONAU
Öko-Reservat inmitten der internationalen Diplomatie und Wiener Wohnbezirke.

PRATER

Eine einzigartige Stadtwildnis ist der Wiener Prater, im Augebiet mit rund sechs Quadratkilometern die größte Grünfläche Wiens. Im Ostteil des Praters, dem sogenannten Grünen Prater, sind noch rund 300 Hektar ehemaliger Auwald in unmittelbarer Nachbarschaft zum verbauten Stadtgebiet erhalten, wenn auch durch Verkehrswege und vielerlei Bauten zerschnitten. Das ehemalige kaiserliche Jagdgebiet wurde 1766 von Joseph II. für die Bevölkerung geöffnet. 1875 schnitt die Donauregulierung das Areal von Überschwemmungen ab und trennte die Seitenarme vom Strom, der Auwaldcharakter ging großteils verloren. Schon 1832 war der Donaukanal reguliert worden. Letzte Reste des alten Laufes sind im Lusthauswasser und im Mauthnerwasser erhalten. Trotz der Grundwasserabsenkung blieben gewaltige Schwarz- und Silberpappeln erhalten, die aber heute aus Altersgründen allmählich absterben. Der Prater ist daher reich an Totholz. Die liegenden oder hoch stehenden Stämme abgestorbener Bäume werden zwar von manchem Besucher als unordentlich empfunden, sie sind aber von großem ökologischen Wert für *Spechte* und andere Vögel und für holzbewohnende Insekten.

Vor allem in der noch naturnahen Umgebung des Lusthauses – früher ein Jagdhaus, jetzt Café und Restaurant – kann man zeitig morgens *Rehe* und *Hasen* beobachten. Auf nächtlichen Streifzügen unterwegs sind *Fuchs* und *Steinmarder* anzutreffen und – wenn man Glück hat – ein »waschechter« Zuwanderer aus den USA: Der *Waschbär* fühlt sich im Wiener Prater offenbar besonders wohl. Genaugenommen sind seine Vorfahren aus Deutschland zugewandert, wo sie entweder bewusst ausgesetzt oder nach dem Zweiten Weltkrieg aus Gehegen entkommen sind.

Trotz einiger lautstarker »Gegenargumente« leben im Lusthaus- und Mauthnerwasser *Biber* und an den alten Auarmen *Eisvögel*: Am Rande des Donaukanals führt eine Autobahn vorbei und mit der Süd-Ost-Tangente überquert eine der meistbefahrenen Autobahnen (täglich an die 100.000 Fahrzeuge) auf Stelzen das früher besonders stille Areal. Nicht minder leise ist das Stadionbad (1931 eröffnet), die Rennbahnen in der Freudenau und in der Krieau und das Ernst-Happel-Stadion (1931 eröffnet). Erstaunlich – hier liegen wirklich Wildnis und Stadt nebeneinander. Wie Manfred Corrine, Regisseur von erfolgreichen UNIVERSUM-Dokumentationen im TV, berichtet, haben die Filmer zum Beispiel direkt neben einem Kinderspielplatz an der Hauptallee in einem komplett mit Bärlauch zugewachsenen Bombentrichter einen Fuchsbau gefunden. Corrine: »Wenn im Frühling die frischgeschlüpften *Mandarinenten* aus ihren Nestern

DER GRÜNE PRATER

Die letzten Auwaldreste um Lusthaus- und Mauthnerwasser stehen seit 1978 unter Schutz.

PRATER

ziemlich hoch in den Bäumen meterweit in die Tiefe springen oder *Libellen* paarweise durchs Schilf schweben, glaubt man sich nicht im Zentrum einer Millionenstadt.« Über diverse *Enten* und *Graureiher* und *Sumpfschildkröten* wundert man sich dann gar nicht mehr besonders. Der »Grüne Prater« wurde am 27. Jänner 1978 unter Landschaftsschutz gestellt.

Nichts mehr mit Stadtwildnis zu tun hat der Wiener Wurstelprater – einer der ältesten Vergnügungsparks der Welt, im nordwestlichen Teil des Erholungsgebietes Prater, nahe dem Praterstern. Auf einer Fläche von etwa 0,3 km² sorgen rund 250 Unternehmen für die Unterhaltung der jährlich an die drei Millionen Besucher.

WWW –Daten & Fakten

//

Die älteste Erwähnung des Praters findet man auf einer Urkunde aus dem Jahr 1162. Kaiser Friedrich I. Barbarossa schenkte damals Grundstücke zwischen der Schwechat und der Donau bei Mannswörth, die »pratum« – also lateinisch »Wiese« – genannt wurden, einem Adeligen namens Conrad de Prato. Die Familie de Prato nannte sich später Prater.

//

Nach der Öffnung des Praters für die Bevölkerung wurde das Lusthaus in den Jahren 1781 bis 1783 neu erbaut und diente mehrmals großen Festlichkeiten, wie zum Beispiel der großen kaiserlichen Feier zum ersten Jahrestag der Völkerschlacht bei Leipzig, bei der Napoleon vernichtend geschlagen worden war. Im 19. Jahrhundert war das Lusthaus, wie der gesamte Prater, beliebter Treffpunkt von Adel und Bürgertum. Im Zweiten Weltkrieg wurde das Gebäude durch Bombentreffer nahezu vollständig zerstört. Der Neubau konnte im Oktober 1949 wieder eröffnet werden. Heute befindet sich im Lusthaus ein Café und ein Restaurant.

//

Das Lusthaus ist ein historisches Gebäude am südöstlichen Ende der Prater Hauptallee nahe der Galopprennbahn Freudenau. Erstmals wurde es 1560 als Casa verde, das Grüne Lusthaus im Wiener Prater, dem damaligen kaiserlichen Jagdgebiet, erwähnt und diente als Jagdhaus. Es wurde genau dort errichtet, wo die 1538 fertiggestellte Hauptallee ans Wiener Wasser stieß.

//

Die Prater Hauptallee führt vom Praterstern zum Lusthaus. Die schnurgerade, 4,4 Kilometer lange Allee entstand 1538 durch Schlägerungen im Auwald, um eine Verbindung zwischen dem Palais Augarten und dem kaiserlichen Jagdgebiet im Prater herzustellen. An die Hauptallee grenzt nördlich seit den 1770er-Jahren der Wurstelprater an. Nach 1786 wurden an der Hauptallee in geringer Entfernung voneinander drei Kaffeehäuser errichtet.

//
Der Wurstelprater, amtlich seit 1825 Volksprater, befindet sich mit seinem Wahrzeichen, dem Wiener Riesenrad, im nordwestlichen Teil des Erholungsgebietes Prater, nahe dem Praterstern, im 2. Bezirk, Leopoldstadt. Der Vergnügungspark verdankt seinen Namen einer Figur des Volkstheaters, dem von Josef Anton Stranitzky kreierten »Hanswurst«.

BRINGT DER BRAUT DEN SUPPENTOPF
So besingt ein Volkslied den Wiedehopf. Der ist stark gefährdet und steht auf der Roten Liste.

FLIEGT WIE EIN KOLIBRI

*Das Taubenschwänzchen ist aber ein Schmetterling,
der sogar rückwärts fliegen kann. Es ist bis
zu 80 km/h schnell.*

MOHRENFALTER

Nur einer von vielen Schmetterlingen,
die man im Auwald finden kann.

SYMBOL FÜR EHELICHE TREUE

*Die Mandarinente kam aus Ostasien nach Europa.
Brütet in Baumhöhlen bis neun Meter Höhe,
die Jungen müssen zu Boden springen.*

ENTKOMMEN

Ausgewildert wurden die Brautenten,
die aus den USA stammen.

STOCKENTEN
Die Stammform der Hausente ist als Kulturfolger überall in der Stadt zu finden.

ESSBARER FROSCH
Wasserfrösche standen lange Zeit am
Speisezettel des Menschen. Heute sind sie
vielerorts streng geschützt.

ZEITLUPE

*Im Schneckentempo durch den
Wiener Wurstelprater.*

MÄNNLICHE BRAUT
Die Brautente, hier der Erpel, wurde aus Amerika eingeführt und ist manchmal verwildert.

Lobau und DONAU-AUEN

»**Drunt' in der Lobau,** wenn ich das Platzerl nur wüßt ...« So beginnt ein früher sehr populäres Wienerlied, das Fritz Löhner-Beda und Heinrich Strecker 1926 schrieben und das 1939 Titelmelodie des Hubert-Marischka-Films »Drunt' in der Lobau hab' ich ein Mädel geküsst« wurde. Herrliches Naherholungsgebiet für die Wiener war die Lobau schon damals – und dazu noch Namensgeber für eine Badehose, die mit extrem wenig Stoff auskommt: das »Lobaufleckerl«.

Allerdings ging es in diesem Bereich nicht immer friedlich zu. War die Lobau (althochdeutsch »Wasserwald«) doch ursprünglich eine Insel in der Donau. Durch Kaiser Heinrich II. erhielten die höfischen Jagdherren das Recht, in den Wäldern der Lobau zu jagen. Dieses Jagdrecht hielt sich bis ins 20. Jahrhundert. Kaiserin Maria Theresia gab 1745 – nach wechselnden Besitzverhältnissen – die Lobau durch Schenkung an die Stadt Wien. Aus den Erträgen (die Jagd ausgenommen) wurde das Krankenwesen finanziert.

1809 stationierten sich napoleonische Truppen in der Lobau. Es kam zur berühmten Schlacht bei Aspern, in der Napoleon von Erzherzog Karl geschlagen wurde. Es war die erste Niederlage des Franzosen. Noch heute erinnern die Napoleonstraße und Denkmäler, z. B. bei Napoleons Hauptquartier (bei der Panozzalacke), Napoleons Pulvermagazin, der Franzosenfriedhof, der Übergang der Franzosen (südlich von Groß-Enzersdorf) sowie der Asperner Löwe an die Schlacht. An der Rückseite des Rathauses in Paris erinnert die Rue de Lobau daran; der folgenden siegreichen Schlacht ist die auf den Triumphbogen zulaufende Avenue des Wagram gewidmet.

Um 1900 beschloss der Wiener Gemeinderat nach mehreren, zum Teil katastrophalen Überschwemmungen, die Donau zu regulieren. Um Wien und die Marchfeldgemeinden nachhaltig vor Hochwasser zu schützen, wurde der Marchfeld-Schutzdamm von Wien bis zur Staatsgrenze an der March errichtet. Diese Regulierungen haben dann auch den heutigen Verlauf der Donau geformt.

1917 gelangte die Obere Lobau, 1973 die Untere Lobau in das freie Eigentum der Stadt Wien und wurde zum wichtigen Trinkwasserspeicher. 1977 erlangte das Gebiet internationale Anerkennung: Die UNESCO befand die Untere Lobau als eines der bedeutendsten Feuchtgebiete der Welt und erklärte sie zum Biosphärenreservat.

Obere und Untere Lobau werden vom 1939 bis 1941 erbauten Donau-Oder-Kanal getrennt. 1978 ist die Lobau Naturschutzgebiet, 1996 wurden die Lobau und die gesamten Donau-Auen östlich von Wien bis zur Staatsgrenze der Slowakei zum Nationalpark (Gesamtfläche: 9300 Hektar) erklärt.

LOBAU
UND DONAU-AUEN

Die Lobau ist eines der schönsten Naherholungsgebiete Wiens. Mit einer Fläche von rund 2300 Hektar ist sie Wiens größter Beitrag zum Nationalpark »Donau-Auen«. Das Gebiet entspricht 24 Prozent der Gesamtfläche des Nationalparks. Durch die Unterschutzstellung als Biosphärenreservat, Ramsar-Schutzgebiet und Natura-2000-Gebiet konnte die einzigartige und aus ökologischer Sicht sehr bedeutende Auenlandschaft der Lobau erhalten und gerettet werden.

Die Ausprägung der Lebensräume in den Auen ist von der natürlichen Wasserdynamik abhängig. Durch schwankende Grundwasserstände und periodische Überschwemmungen entstehen verschiedene Auwaldgesellschaften an feuchten, trockenen oder sehr trockenen Standorten. So finden sich in den zahlreichen Altwässern und Tümpeln der Lobau verschiedene, zum Teil stark gefährdete Wasserpflanzengesellschaften, die speziell an die schwankenden Wasserstände angepasst sind. In besonders trockenen Jahren entstehen durch den Rückzug der Altarme große Schlammfluren. Dieser werden dann wie trockengefallene Uferbereiche von hochspezialisierten Tier- und Pflanzenarten besiedelt.

EINE OASE DER WILDNIS
Die Donau-Auen beherbergen an die 5000 Tier- und 623 höhere Pflanzenarten, eine Insel in der jahrtausendealten, vom Menschen geprägten Kulturlandschaft.

Die sogenannte »Weiche Au« (Silberweide, Bruchweide, Esche, Schwarzpappel, Silberpappel) wird stark von Grundwasser-Spiegelschwankungen beeinflusst und kommt mit regelmäßigen Überschwemmungen gut zurecht. Die »Harte Au« (Flatter- und Feldulme, Esche, Winterlinde, Stieleiche und Weißpappel) besiedelt trockenere Bereiche, die nur im Abstand von mehreren Jahren überschwemmt werden.

»Heißländen« (Weißdorn, Sanddorn, Berberitze, verschiedene Orchideenarten) bilden savannenartige Sondergesellschaften. Sie entstanden auf den massiven Schotterkörpern in der Lobau. Bäume gibt es nur dort, wo die Bodenschicht ausreichend dick und feucht ist. Heißländen sind in der Lobau relativ häufig anzutreffen, sie können an manchen Standorten sogar extrem trocken sein. An ausgewählten Standorten müssen aufkommende Sträucher von Zeit zu Zeit entfernt werden, um so den savannenartigen Charakter der Heißländen zu erhalten und die geschützten Orchideenarten zu erhalten.

Auenlandschaften bieten Lebensräume für eine sonst kaum mehr vorzufindende Vielfalt an Lebensgemeinschaften. Wasser und immer wiederkehrende Überschwemmungen prägen die Landschaften der Lobau und der Donau-Auen. Sie formen unterschiedliche Standorte und versorgen diese mit wertvollen Nährstoffen. Durch dieses Lebensraumangebot lebt in der Lobau eine vielfältige Tier- und Pflanzenwelt. Sie ist speziell auf die wechselnden Standortbedingungen angepasst.

Die heimischen Auenreste können noch mit nahezu der gesamten Breite ökologischer Vielfalt mitteleuropäischer Stillgewässer aufwarten und sind damit genetische Reservoire höchster Wertigkeit. In der wissenschaftlichen Fachliteratur war vor drei Jahrzehnten noch von einem Gesamtbestand von zumindest 11.800 Tierarten im Bereich der Auen die Rede. Noch heute sind die Donau-Auen Lebensraum und Rückzugsgebiet für zahlreiche vom Aussterben bedrohte Tier- und Pflanzenarten: Neueste Schätzungen sprechen von rund 5000 Tier- und 623 höheren Pflanzenarten in der »artenreichsten, biologisch interessantesten langgestreckten Oase der Wildnis in einer jahrtausendealten Kulturlandschaft, in der sonst jeder Fußbreit vom Menschen gestaltet ist«, so Dr. Gustav Wendelberger, Professor für Vegetationsökologie an der Universität Wien (1915–2008).

UNESCO-RESERVAT
Die Untere Lobau ist seit 1977 weltweit eines der bedeutendsten Feuchtgebiete.

»DRUNT' IN DER LOBAU, WENN ICH DAS PLATZERL NUR WÜSST ... «

LOBAU
UND DONAU-AUEN

In den Altarmen der Donau, in Tümpeln, Gräben und Wiesen der Lobau findet man beispielsweise die *Europäische Sumpfschildkröte*. Sie ist im Gegensatz zu Landschildkröten eine Fleischfresserin und gräbt ihre Nisthöhlen in Heißländen und Böschungen. Hier leben 13 Amphibienarten, darunter der *Alpen-Kammmolch* und der *Donau-Kammmolch*. Zu den geschützten Tierarten zählen des Weiteren die stark gefährdete *Rotbauchunke* und der *Laubfrosch*. Hohe Populationsdichten erreicht im Auenbereich die *Ringelnatter*, als stark gefährdet gilt dagegen die *Würfelnatter*. Äußerst vielfältig ist auch die Fischfauna, die an die 60 Arten umfasst. Einige wie zum Beispiel *Frauennerfling*, *Weißflossengründling*, *Bitterling* und *Schlammpeitzger* sind häufig in den Gewässern der Lobau zu finden.

Der »Wasserwald« beherbergt zahlreiche Insektenarten wie *Libellen*, *Hirschkäfer*, 50 Wildbienenarten, *Fleckenbock*, *Gottesanbeterin* und Schmetterlinge wie *Zitronenfalter* oder *Kleines Nachtpfauenauge*. Und natürlich auch *Gelsen*. In Österreich kommen 41 Arten vor, 31 davon in den Augebieten der Donau, in erster Linie sogenannte »Überschwemmungsgelsen«.

An Säugetieren sind – beginnend bei *Wasser-* und *Sumpfspitzmäusen* – unter anderem *Biber*, *Wanderratten*, *Feldhasen*, *Rehe*, *Hirsche* und *Wildschweine* in der Lobau anzutreffen. Der *Hirsch* ist das größte Säugetier in den Donau-Auen. Wegen des großen Nahrungsangebotes erreicht er hier ein besonders hohes Gewicht und ein prächtiges Geweih. In der Lobau leben etwa 170 Stück *Rotwild*, die Bestände müssen wegen des Fehlens natürlicher Feinde durch Abschuss reguliert werden. Die Faszination der Hirschbrunft beschreibt der Wildtier-Fotograf Franz Antonicek sehr eindringlich:

»Schon beim morgendlichen Anmarsch zu den grünen Oasen klingt mir das Röhren der Hochgeweihten entgegen. Taufeuchtes Gras, Nebelwogen über den Gewässern und Bewegung im Revier, der Wald lebt. Da, ein kurzer, aber öfter fallender, tiefer Sprenglaut des treibenden *Hirsches*, und schallende Antwort erklingt aus allen Revierteilen ringsumher. Der kapitale Bass des kapitalen *Brunfthirsches* erschüttert den Wald und sorgt für Aufregung im Reich des Wildes. *Beihirsche* melden, und überall hängt der intensive, strenge Geruch der ab- und zuwechselnden *Hirsche*.«

Nachdem die *Biber* über 100 Jahre aus dem Stadtbild verschwunden waren, haben sie nach ihrer Wiederansiedlung in den 1970er-Jahren erfolgreich ihre Reviere zurückerobert. Die Ansiedlung des größten Nagetiers Europas in Wien ist eine Auszeichnung für die Stadt: Sie bietet den *Bibern* durch großzügige Grün- und Wasserflächen genügend Raum, um sich auszubreiten. Im Zeitraum zwischen 1976 bis 1982 wurden rund 40 Tiere in den Donau-Auen ausgesetzt. Von hier aus besiedelte der *Biber* nach und nach die größeren Gewässer der Bundeshauptstadt: die Alte Donau, Pratergewässer, den Donaukanal, die Liesing und den Wienfluss. Insgesamt dürften es im Stadtgebiet an die 240 Tiere – aufgeteilt auf 60 Familien – sein.

Besonders reichhaltig ist auch die Vogelwelt der Lobau, die hier mit knapp 80 Arten vertreten ist. Viele gefährdete Arten sind auf intakte Auenwälder der Lobau und der Donau-Auen angewiesen – auch als wichtige Rast- und Überwinterungsplätze. Vor allem *Graureiher* und *Mittelspechte* benötigen Altholzbestände zum Überleben.

Im Schilf brüten *Enten*, *Rallen*, *Rohrdommeln* und *Zwergrohrdommeln* sowie Singvögel wie der *Teichrohrsänger*, die *Rohrammer* und der *Rohrschwirl*. Als Fischjäger kann der *Kormoran* lange tauchen. Seine Nester baut er auf Bäumen, die infolge seines ätzenden Kots wie weiß gekalkt erscheinen. Freigelegte Uferabbrüche benötigen *Uferschwalbe* und *Eisvogel*. Von den streng geschützten *Eisvögeln* gibt es nur mehr zehn bis zwölf Brutpaare in Wien.

An Greifvögeln findet man in der Lobau unter anderem *Seeadler, Roter Milan, Schwarzmilan* und *Wespenbussard. Weißstörche* suchen auf den Überschwemmungswiesen ihre Nahrung. Hier ist auch der seltene *Wachtelkönig* zu finden, eine knapp 30 Zentimeter große, schlanke, hochbeinige und langhalsige *Ralle*.

W—Daten & Fakten

//

In der Lobau kommen 800 Pflanzen-, 30 Säugetier- und 100 Brutvogelarten sowie acht Reptilien-, 13 Amphibien- und 60 Fischarten vor.

//

Lobau (als Teil des Nationalparks Donau-Auen)
Die Fläche beträgt rund 2300 Hektar, das sind 24 Prozent der Gesamtfläche des Nationalparks Donau-Auen. Das Gebiet wurde 1977 von der UNESCO als Biosphärenreservat (Untere Lobau) anerkannt. Seit 1978 ist, teilweise überlappend mit dem Biosphärenpark, ein Naturschutzgebiet Lobau und stadteinwärts anschließend ein Landschaftsschutzgebiet (Obere Lobau) ausgewiesen.

//

Seit 1996 ist das Naturschutzgebiet Lobau Teil des Nationalparks Donau-Auen, seit 2004 auch Europaschutzgebiet.

//

Die Lobau wird vom Forstamt und Landwirtschaftsbetrieb der Stadt Wien (MA 49) nationalparkkonform betreut. Durch spezielle Maßnahmen soll die nachhaltige ökologische Funktionsfähigkeit und die natürliche Entwicklung des Auenökosystems gewährleistet werden. Die wichtigsten Ziele sind die Erhaltung wertvoller Lebensräume sowie ein umfassender Schutz der Tier- und Pflanzenwelt. Pflege- und Erhaltungsmaßnahmen richten sich nach dem Wiener Nationalparkgesetz, das den Europäischen Rechtsbestimmungen (Natura 2000) angepasst ist.

//

Es gibt streng geschützte Naturzonen, die auf Dauer der Natur überlassen werden, und Naturzonen mit Management, die nur durch regelmäßige Pflege erhalten werden können. Die Landwirtschaft ist eine Bewirtschaftungsform in der Außenzone des Nationalparks.

SILBERREIHER

*Größter einheimischer weißer Reiher. Seine Schmuck-
federn waren früher begehrt in der Damenmode.*

BUNTSPECHT
*Zimmert seine Bruthöhle selbst. Jungvögel
werden bis vier Wochen lang gefüttert.*

WEISSSTORCH
*Schreitet bei der Nahrungssuche
durch Wiesen und Sumpfland.*

FROSCH

In der Laichzeit hallt ihr Gequake

durch die gesamte Au.

VOLL INTEGRIERTER ZUWANDERER
Türkentauben sind ursprünglich in Asien und China heimisch. In der zweiten Hälfte des 20. Jh. kamen sie nach Mitteleuropa.

KAPITALE HIRSCHE
Wegen des großen Nahrungsangebotes entwickeln sich in den Auen besonders prächtige Geweihe.

GROSSWILD IM WASSERWALD

Rund 170 prächtige Auhirsche und die kräftigen
Wildschweine sind die größten Säugetiere
in den Donau-Auen.

BASTHIRSCHE
Noch sind die Kämpfe nicht ernst, das ändert sich aber im Herbst.

PRÄCHTIGER STOSSTAUCHER

*Der Eisvogel stürzt sich zur Jagd auf kleine
Fische von einer Sitzwarte schräg
nach unten.*

SCHWARZSTORCH
*Er bevorzugt geschlossene Waldgebiete
zum Brüten. Meidet als Kulturflüchter
menschliche Siedlungen.*

DER GRÖSSTE ADLER IN EUROPA
*Der Seeadler hat eine Flügelspannweite
von 2,5 Metern. Er überwintert u. a.
in den Donau-Auen.*

EINE OASE DER WILDNIS

Die Donau-Auen beherbergen an die 5000
Tier- und 623 höhere Pflanzenarten, eine Insel
in der jahrtausendealten, vom Menschen
geprägten Kulturlandschaft.

Fried-HÖFE

»Es lebe der Zentralfriedhof« komponierte und sang Wolfgang Ambros 1975 und traf damit punktgenau das Verhältnis der Wiener zum Tod und »pompe funèbre«, zur »scheenen Leich«. Dabei ist der Zentralfriedhof in Wien-Simmering nur einer von insgesamt 46 städtischen Friedhöfen in Wien, mit 2,5 Millionen Quadratmetern und 330.000 Grabstellen allerdings auch der größte. Und noch dazu der zweitgrößte in Europa.

Der »Zentral«, wie ihn die Wiener gerne nennen und der hier als Beispiel für viele andere Wiener Friedhöfe dienen soll, ist aber nicht nur ein Ort der Ruhe und Stille für Hinterbliebene, sondern seit vielen Jahren auch Rückzugsort und Lebensraum für eine Reihe von Wildtieren. Bei seiner Eröffnung im Jahr 1874 schien das Areal ein klein wenig überdimensioniert – und das, obwohl die Stadt damals nach der Eingemeindung der Vorstädte massiv an Einwohnern zugelegt hatte. Die Stadtplaner rechneten für den Anfang des 20. Jahrhunderts mit etwa zwei Millionen Einwohnern, entsprechend großzügig sollte das Gräberfeld angelegt sein. Die Zuwanderung fiel dann etwas moderater aus. Dennoch hat sich bewährt, dass die Architekten den »Zentral« im großen Stil planten. Sonst gäbe es kaum so viele verschwiegene Winkel und Ecken, wo sich das Tierleben ungestört entfalten kann.

So brüten zum Beispiel auf den Zinnen der Karl-Borromäus-Kirche (Luegerkirche) *Turmfalken*. Das Jugendstil-Bauwerk ist mit seinen vielen Vorsprüngen, Zinnen und Verzierungen für diese Vögel sowohl als Neststandort als auch als Flugschulgelände hervorragend geeignet. Spezielle Schutzprogramme fördern anspruchsvolle Vogelarten wie zum Beispiel *Neuntöter* oder *Grünspechte*, die bereits selten geworden sind. Und *Krähen* sind ganz scharf auf das fetthaltige Kerzenwachs. Um es aus den roten Plastikhüllen zu lösen, lassen die Vögel die Grabkerzen aus luftigen Höhen fallen, und schrecken damit immer wieder arglose Friedhofsbesucher. *Waldkauz* und *Steinmarder* jagen sich die fettesten *Mäuse* ab. Es gibt auch *Waldohreulen*, den *Mittelspecht*, *Fasane*, *Füchse*, *Hasen* und *Feldhamster*. Letztere legen zu Allerheiligen Extraschichten ein, um mit den vielen frischen Blumen auf den Gräbern zurande zu kommen. Und natürlich gibt es auch jede Menge *Eichhörnchen*, die alle einen einzigen Namen haben: »Hansi.«

Dachse schätzen den Umstand, dass hier ständig irgendwo neu umgegraben wird – und damit die begehrten *Regenwürmer* ans Tageslicht kommen. Und *Igel* gibt es natürlich auch. Schließlich kann man – in

HEILIGE RUHE
Nicht nur für die Hinterbliebenen, sondern auch für eine Reihe von Wildtieren ein Ort der Stille.

ruhigen Ecken wie zum Beispiel am alten jüdischen Friedhof sogar *Rehe* beobachten. Etwa 20 Stück leben am »Zentral«.

Ja, und dann gibt es hier noch das *Wiener Nachtpfauenauge*, den seltenen Schmetterling. Und im Naturgarten hat die Stadt Wien vor einiger Zeit zehn Bienenvölker angesiedelt. Auf dem 40.000 Quadratmeter großen Areal am Zentralfriedhof stehen den *Bienen* große Blumenwiesen, Bäume und Sträucher als Futterquellen zur Verfügung.

—Daten & Fakten

//

In Wien gibt es derzeit 46 städtische Friedhöfe mit insgesamt 650.000 Grabstellen sowie neun andere Friedhöfe. Insgesamt sind das 778.000 Grabstellen. Nicht mehr belegte Friedhöfe sind der Friedhof der Namenlosen, die jüdischen Friedhöfe Rossau, Floridsdorf und Währing sowie der Sankt Marxer Friedhof.

//

Der größte Friedhof in Wien ist der Zentralfriedhof mit einem Ausmaß von 2,5 Millionen Quadratmetern. Er wurde 1874 in Betrieb genommen und bietet Platz für 330.000 Grabstellen. Begraben sind hier rund drei Millionen Menschen. Der »Zentral«, wie er in Wien auch genannt wird, ist der zweitgrößte Friedhof Europas.

//

Einstige Friedhöfe rund um Kirchen wurden im Laufe der Zeit größtenteils verbaut. Ein Beispiel ist die Virgilkapelle unter dem Stephansplatz, ein Relikt eines Friedhofs, der den Stephansdom jahrhundertelang umgab. Die Kapelle wurde 200 Jahre nach ihrer Auflösung und Zuschüttung 1973 im Zuge der Bauarbeiten für die U-Bahn wieder entdeckt.

//

In den Katakomben von St. Stephan fanden Wissenschafter übrigens eine faszinierende Vielfalt an Kleinstlebewesen, die sich im Boden der ehemaligen Begräbnisstätten noch immer von den Textil-, Sarg- und Leichenresten des 18. Jahrhunderts ernähren. Die Sensation der ab 1997 durchgeführten Untersuchungen war der Nachweis einer bisher nicht bekannten Kleintierart. Der knapp 0,4 Millimeter große Springschwanz erhielt nach seinem Fundort den wissenschaftlichen Namen Megalothorax sanctistephani.

//

Die Friedhofskirche zum Heiligen Karl Borromäus (früher Dr. Karl-Lueger-Kirche) wurde in den Jahren 1908 bis 1911 nach Entwürfen des Architekten Max Hegele errichtet. Die Grundsteinlegung erfolgte am 11. Mai 1908 durch den Wiener Bürgermeister Karl Lueger, nach seinem Tod im März 1910 wurde von der Gemeinde Wien beschlossen, die Kirche Dr. Karl-Lueger-Gedächtniskirche zu nennen. Lueger ist unter dem Hochaltar begraben. Am 16. Juni 1911 wurde die Kirche dann dem hl. Borromäus geweiht. In ihrer architektonischen und künstlerischen Gestaltung ist die Kirche dem Jugendstil zuordenbar, weist aber unter anderem auch Elemente ägyptischer Baukunst auf.

BUCHFINK
Zählt zu den häufigsten Sing-
vogelarten in Europa.

FELDHASEN

Friedhöfe sind für die »Mümmelmänner«
mehr oder weniger ruhige Schutzgebiete.

BEQUEME FUTTERSUCHE

Dachse lieben neu ausgehobene Grabgruben:

wegen der begehrten Regenwürmer.

NACHTPFAUENAUGE

Auch in den Wiener Friedhöfen unterwegs.

FLIEGENDER ZORRO

Die schwarze Gesichtsmaske hat dem Grünspecht

im Volksmund diesen Namen eingebracht.

SAATKRÄHE
*Ist überall in Wien präsent, so
auch auf den Friedhöfen.*

REHE

Verschwinden, wenn sie aufgeschreckt werden,

mit wenigen schnellen Sprüngen.

KURZ-PORTRÄTS

VERENA POPP-HACKNER

GEORG POPP

FRANZ ANTONICEK

LEOPOLD LUKSCHANDERL

VERENA POPP-HACKNER & GEORG POPP

//

Die renommierten Naturfotografen Verena Popp-Hackner und Georg Popp haben Ende 2012 einen langgehegten Plan in die Praxis umgesetzt und das Multimedia-Projekt »Wiener Wildnis« geschaffen. Um der enormen Themenvielfalt langfristig und vor allem mit den höchsten Qualitätsansprüchen gerecht zu werden, haben sie ein kleines, aber feines Team um sich versammelt. Unter anderem den bekannten Wildlife-Fotografen Marc Graf (Fotograf und Biologe), Christine Sonvilla (Autorin und Biologin) sowie Thomas Haider (Unterwasser-Fotograf). Das Team will den Begriff »Stadtnatur« thematisieren und dadurch Neugierde und Interesse wecken, darüber hinaus aber auch Projekte, Ideen, Gedanken und Personen sowie Natur- und Umweltschutz-Institutionen vorstellen, welche die Natur in der Millionen-Metropole Wien fördern, bereichern oder sogar erst ermöglichen.

www.wienerwildnis.at

FRANZ ANTONICEK

//

Österreichs Doyen der Wildlife-Fotografie betreibt seit mehr als 30 Jahren »Jagd mit der Kamera« vor allem in den Donau-Auen und am Neusiedlersee. Getreu seiner Anschauung, dass »Wildtierfotografie kein Hobby, auch kein Beruf, sondern eine Lebensanschauung ist«, absolvierte Antonicek eine Buchbinderlehre und war anschließend im Österreichischen Staatsarchiv Leiter einer Restaurierwerkstätte und Spezialist für Buch- und Papierrestaurierung. Er konnte in dieser Funktion junge Restauratoren der Akademie ausbilden und ging 1997 als Amtsdirektor in Pension. Von Anfang an hatten es ihm die Donau-Auen in und östlich von Wien angetan. Ein Aufenthalt in der Au löst bei Antonicek immer wieder »eine Foto-Orgie« aus. Der Biologe Univ. Prof. Dr. Bernd Lötsch hat einmal über Antonicek geschrieben: »In seiner stillen Meisterschaft ist er einer jener Beweger, deren unsere geschundene Welt so dringend bedarf.«

LEOPOLD LUKSCHANDERL

//

Von 1966 bis 1970 Mitarbeiter am »Institut für Vergleichende Verhaltensforschung der Österreichischen Akademie der Wissenschaften«. Publikationen in wissenschaftlichen Fachzeitschriften. Von 1970 bis 1981 Redakteur bzw. Chef vom Dienst beim »Informationsdienst für Bildungspolitik und Forschung«. Als Wissenschaftsjournalist freier Mitarbeiter bei zahlreichen in- und ausländischen Zeitungen und Zeitschriften. Gestaltung von Beiträgen für Hörfunk und Fernsehen. Von 1981 bis 2005 Chefredakteur des Magazins »Umweltschutz« im BOHMANN-VERLAG/Wien, vorübergehend auch der Magazine »Waste« und »aqua press international« (ebenfalls BOHMANN VERLAG). Rund ein Dutzend Bücher und Broschüren im Zeitraum zwischen 1977 und 2008. Zahlreiche Auszeichnungen, darunter einige Staatspreise.

VALENCE
MICHAEL ZAGROSKI & MARKUS RAFFELSBERGER

//

Im Eigentlichen ist Valence ein klassisches Designstudio, das sich mit Grafikdesign, Illustration und Motion Graphics auseinandersetzt und diese zu einer Welt aus fantasievollen, visuellen Geschichten verlinkt. Im Uneigentlichen entwickeln Valence Bildwelten, die sich aus einer hybriden Mischung aus digitalen und analogen Techniken herausschälen: Schwarz ist dabei der dominierende (Nicht-)Farbton, der sich über die dezent farbschattierten und strukturierten Bildwelten legt und die Arbeiten in einen mysteriösen Deckmantel hüllt. Geradlinigkeit und Komplexität, Filigranität und Großflächigkeit stehen einander gegenüber, drücken den Illustrationen, die im Zentrum fast aller Arbeiten stehen, den unverwechselbaren Stempel auf.

www.valencestudio.com

BILD-NACHWEISE

VERENA POPP-HACKNER & GEORG POPP

//
COVER // Vorsatz // 04 //
08–09 // 14–15 // 22–23 //
32–33 // 34–35 // 36–37 //
38–39 // 40–41 // 42–43 //
44–45 // 46–47 // 48–49 //
50–51 // 52–53 // 54–55 //
56–57 // 58–59 // 60–61 //
62–63 // 64–65 // 66–67 //
68–69 // 74–75 // 76–77 //
80–81 // 82–83 // 90 // 95 //
96–97 // 98–99 // 100–101 //
102–103 // 108–109 // 110–111
// 112–113 // 114–115 //
116–117 // 118–119 // 120–121
// 122–123 // 124–125 //
126–127 // 132–133 // 140–141
// 142–143 // 144–145 //
147 // 148–149 // 156–157 //
162–163 // 180–181 // 182–183
// 184–185 // 186–187 //
188–189 // 190–191 // 192–193
// Nachsatz

FRANZ ANTONICEK

//
78–79 // 82–83 // 84–85
// 86–87 // 88–89 // 91 //
134–135 // 136–137 // 138–139
// 146 // 158–159 // 160–161 //
164–165 // 166–167 // 168–169
// 170–171 // 172–173 // 174–175 // U4

LITERATUR

AM ANFANG WAR DIE GSTETT'N *(2014):*
»Wiener Stadtwildnisflächen« // WIENER UMWELTANWALTSCHAFT (Hrsg.)

DIE MAGIE DES ERHABENEN *(2000):*
Philip Bethge // DER SPIEGEL // 29, 156—158

DER WIENERWALD *(2014):*
Denkmalpflege in Niederösterreich // Band 22 // AMT DER NÖ LANDESREGIERUNG (St. Pölten)

DONAUAUEN *(1994):*
»Der neue Nationalpark« // Franz Antonicek und Elke Forisch mit einem Vorwort von Bernd Lötsch // WOLFHART VERLAG (Wien)

IGEL IN WIEN *(2008):*
Das Igelschutzprojekt von NATURSCHUTZBUND ÖSTERREICH und der WIENER UMWELTSCHUTZABTEILUNG (Salzburg)

NATURGESCHICHTE WIENS IN 4 BÄNDEN *(1974):*
Herausgegeben von einer Arbeitsgemeinschaft im Institut für Wissenschaft und Kunst, Wien // JUGEND & VOLK VERLAG (Wien/München)

NATURGESCHICHTE WIENS *(1974):*
»Band IV – Großstadtlandschaft, Randzone und Zentrum« JUGEND UND VOLK VERLAG (Wien/München)

ÖKOSYSTEM WIEN *(2011):*
Die Naturgeschichte einer Stadt // Herausgegeben von Roland Berger und Friedrich Ehrendorfer // BÖHLAU VERLAG (Wien/Köln/Weimar)

UNTER WIEN *(2001):*
»Auf den Spuren des Dritten Mannes durch Kanäle, Grüfte und Kasematten« // Alexander Glück, Marcello La Speranza, Peter Ryborz, Ch. // LINKS VERLAG (Berlin)

UMWELTGERECHTIGKEIT & BIOLOGISCHE VIELFALT. *(2012):*
»Biologische Vielfalt in der Stadt – Ökologischer, sozialer und ökonomischer Faktor in der Stadtentwicklung« // Werner P. // DEUTSCHE UMWELTHILFE

VERSIEGELT ÖSTERREICH? *(2001):*
»Der Flächenverbrauch und seine Eignung als Indikator für Umweltbeeinträchtigungen, Tagungsbericht des UMWELTBUNDESAMTES« // Band 30 // UMWELTBUNDESAMT (Wien)

WIENER WILDNIS *(2013):*
Diverse Beiträge im seit November 2013 erscheinenden Magazin, DEVELOPMENT GROUP MEDIA, Hatzenbichler & Klemenz GmbH (Klagenfurt)

WIENER WÄLDER *(2005):*
Mit Fotos von Lois Lammerhuber und Texten von Oliver Lehmann und Andreas Schwab // BOHMANN VERLAG (Wien)

WILDNIS IN STÄDTEN *(2012/2013).*
Ergebnisse des Projekts Wild Cities der DEUTSCHEN UMWELTHILFE // (Berlin)

WILDNIS IN ÖSTERREICH? *(2012):*
»Herausforderungen für Gesellschaft, Naturschutz und Naturraummanagement in Zeiten des Klimawandels« // ÖSTERREICHISCHE BUNDESFORSTE AG (Purkersdorf)

WILDWUCHS *(2003):*
»Vom Wert dessen, was von selbst da ist. Eine Anthologie des Ungeplanten« // MA22 UMWELTSCHUTZ (Wien)

IMPRESSUM

AUTOR:
Leopold Lukschanderl

FOTOGRAFEN:
Franz Antonicek, Verena Popp-Hackner, Georg Popp

EIGENTÜMER & VERLEGER:
Verlag Holzhausen GmbH, 1110 Wien, Leberstraße 122, Austria
www.verlagholzhausen.at,
office@verlagholzhausen.at

VERLAGSLEITUNG:
Robert Lichtner

LEKTORAT:
Philipp Rissel

UMSCHLAG- UND KAPITELILLUSTRATIONEN:
VALENCE, www.valencestudio.com

LAYOUT UND SATZ:
VALENCE, www.valencestudio.com

DRUCK:
Arctic Volume Ivory 130 g/m² und
Surbalin glatt diamantweiß 115 g/m²

ISBN:
978-3-902976-41-3

1. Auflage 2015

VERLAGSORT:
Wien

HERSTELLUNGSORT:
Korneuburg // Printed in Austria

© Verlag Holzhausen GmbH
www.verlagholzhausen.at

Bibliografische Informationen der Österreichischen Nationalbibliothek und der Deutschen Nationalbibliothek: Die ÖNB und die DNB verzeichnen diese Publikation in den Nationalbibliografien; detaillierte bibliografische Daten sind im Internet abrufbar. Für die Österreichische Bibliothek: http://onb.ac.at, für die Deutsche Bibliothek: http://dnb.ddb.de.

Alle Rechte, insbesondere das Recht der Vervielfältigung und Verbreitung sowie der Übersetzung sind dem Verlag vorbehalten. Kein Teil des Werks darf in irgendeiner Form (durch Fotokopie, Mikrofilm oder ein anderes Verfahren) ohne schriftliche Genehmigung des Verlags reproduziert oder unter Verwendung elektronischer Systeme gespeichert, verarbeitet, vervielfältigt oder verbreitet werden.